초등 3학년부터 시작하는
똑똑한 독서 수업

KB191903

문해력, 창의력, 문제 해결력을 높이는 독서 활동 125

초등 3학년부터 시작하는 똑똑한 독서 수업

류창진 지음

"아이의 기초 학습 실력을 높이는 유일한 방법은 독서입니다"

초등 교사가 실제 교실 현장에서 가르치며 정립한
공부 잘하는 아이들의 40가지 주제별 책 읽는 방법

네이버 프리미엄콘텐츠
'다시, 학교 공부'
400만 뷰 기록!

독서 질문,
교과서 연계 주제,
추천 도서 목록 수록

21세기북스

학교 공부가 쉬워지는
똑똑한 독서 활용법

초등학교 교실에서 자주 듣는 질문이 있습니다.

"책 읽기 너무 어려워요."

"선생님, 책을 왜 읽어야 해요?"

"선생님, 책 다 읽었어요. 이제 뭐 할까요?"

처음에는 이 상황에 대한 답을 '아이들의 독서 습관'에서 찾고자 했습니다. 많은 학부모가 그러하듯 매일 책을 읽는 시간을 정해주고, 독서 기록장도 적어봤죠. 하지만 이런 방식은 오래가지 못했습니다. 형식적인 독서는 아이들에게 또 하나의 숙제가 될 뿐이었으니까요. 동시에 제가 아이들에게 전하는 "책은 정말 중요하니까 열심히 읽자!"라는 말은 너무나 공허했습니다. 초등학교 3학년 이후 본격적인 교과 학습이 시작되는 이 시기의 아이들에게는 더욱 그랬습니다. 아이들에게는 해야 할 일이 너무 많거든요.

그렇지만 이 시기의 독서는 정말 중요합니다. 3학년이 되면 교과 내용이 급격히 어려워지고 학습량도 크게 늘어나며 생각하는 힘이 이전보다 훨씬 더 필요해집니다. 2학년 때까지는 기초적인 읽기와 쓰기를 배웠다면, 3학년부터는 그것을 바탕으로 실제 학습을 해나가야 하죠. 하지만 역설적이게도, 많은 아이가 이때부터 독서에서 멀어지곤 합니다. 늘어난 학습량에 치여 독서할 시간이 부족해지거나, 갑자기 어려워진 책이라는 벽 앞에서 좌절하는 것이지요.

학부모님들의 고민도 이해합니다. "우리 아이가 책을 좋아했으면 좋겠는데…" "독서가 공부에 도움이 된다는데, 어떻게 지도해야 할지 모르겠어요"와 같은 고민을 자주 듣습니다. 특히 3~4학년 아이를 둔 학부모님들의 걱정이 컸습니다. 높아진 학습 수준을 따라가기 위해서는 독서가 필요하다는 것을 알지만, 구체적으로 어떻게 해야 할지 모르는 경우가 많았기 때문입니다.

한 권을 읽어도 목적을 갖고 읽어야 하는 이유

이런 고민 속에서 저는 '목적이 있는 독서'라는 개념에 주목하게 되었습니다. 단순히 책을 읽는 것이 아니라, 왜 읽는지 알고 읽는 것. 어떻게 읽으면 좋을지 방법을 알고 읽는 것. 읽은 후에 무엇을 할 수 있는지 아는 것. 이것이 바로 목적이 있는 독서입니다. 아이들은 목적을 알 때 더 적극적으로 참여합니다. "이 책을 읽으면 친구들과 더 잘 지낼 수 있어" "이 책을 읽으면 친구들 앞에서 표현을 더 잘할 수 있을 거야"와 같은 구체적인 목적이 있을 때 아이들이 책을 찾기 시작했습니다.

이 책에는 제가 아이들과 함께 실천하며 쌓아온 40가지 주제별 독서 활동이 담겨 있습니다. 이 활동은 아이들의 문해력, 창의력, 문제 해결력 등 기초 학습 실력 향상에 초점을 맞추고 있습니다. 더 나아가 아이들의 마음 성장도 함께 도모합니다. 교과 학습과의 연계성까지 고려해 독서가 자연스럽게 학습으로 이어지도록 설계했습니다.

각 활동은 '단단한 마음', '뚜렷한 주관', '폭넓은 배경지식', '표현력', '몰입'이라는 다섯 가지 주제를 두고, 독서 과정에서 바로 적용할 수 있도록 구성했습니다. 더불어 각 활동에는 제가 교실에서 아이들과 함께 읽어보고 생각을 나누었던 추천 도서도 담았습니다. 단순히 책 제목만 나열하는 것이 아니라, 각 활동의 목적에 맞게 어떤 책을 어떻게 활용하면 좋을지 구체적인 방법도 함께 소개합니다.

책에 소개된 활동과 도서는 아이들의 수준과 흥미를 고려했습니다. 또 구체적인 예시와 대화문을 포함해 학부모님들이 실제로 적용하기 쉽게 만들었습니다. 이를 통해 아이들이 독서를 막막한 숙제가 아닌, 자신의 성장을 돕는 든든한 친구로 만날 수 있기를 바랍니다.

이 책을 준비하면서 많은 분의 도움을 받았습니다. 특히 제가 만났던 수많은 아이들, 그리고 학부모님들께 깊은 감사를 드립니다. 그들의 고민과 질문, 함께 고민하며 맞닥뜨린 실패와 좌절이 이 책의 밑거름이 되었습니다. 또한 이 책이 세상에 나올 수 있도록 도와주신 출판사 관계자분들께도 감사의 말씀을 전합니다.

이 책이 독서로 고민하는 모든 아이와 학부모님께 작은 도움이 되기를 바랍니다. 아이들이 책을 '왜 읽어야 하는지' 알고, '어떻게 읽어야 하는지' 이해하며, '읽고 나서 무엇을 할 수 있는지' 기대하는 독서. 그런 의미 있는 독서의 여정에 이 책이 좋은 안내자가 되었으면 합니다.

2025년 봄
다시, 학교 공부 류창진

차례

PART 2
40가지 키워드로 읽는 주제별 독서 활동

5장

**몰입하는
아이를
만드는 독서**

PART 1

초등 3학년부터 독서 방법이 바뀌어야 한다

1장

아이들의
독서가 힘든
5가지 이유

2024년 10월, 제578돌 한글날을 맞아 한국교원단체총연합회에서 초중고 교원 5,848명을 대상으로 '학생 문해력 실태' 설문 조사를 했습니다. 91.8%가 과거에 비해 학생들의 문해력이 떨어졌다고 응답했죠. '족보(한 가문의 계통과 혈통 관계를 기록한 책)'를 '족발 보쌈 세트'의 준말로 알거나 '사기 저하'를 '사기꾼'과 관련지어 생각하는 아이들이 있으니까요.

　　이 같은 상황에 대한 해결책으로, 많은 사람이 '독서'를 꼽습니다. 아이들도 독서의 중요성을 이미 충분히 알고 있지요. 그럼에도 선뜻 책장을 펼치지 못하는 까닭은 단순합니다. 바로 아이들에게 독서가 너무 힘들다는 것이지요. 도대체 무엇이 독서를 힘들게 만드는 것일까요? 지금부터 원인을 알아보겠습니다.

초등 3학년부터 독서 방법이 바뀌어야 한다

독서는
재미가 없다

하교한 초등학생 아이가 가방을 책상 위에 던져놓고 침대에 털썩 널브러집니다. 아이의 손에는 스마트폰이 들려 있습니다. 숏폼 영상을 시청하다 보니 어느새 30분이 흘러갑니다. 정신을 차리고 책상에 앉아 학원 숙제를 시작하지만, 이때 SNS 알람이 울립니다. 다시 30분이 흘러가고, 시계를 본 아이는 오늘도 학원에 늦었음을 깨닫습니다.

오늘날 초등학생들에게서 흔히 볼 수 있는 모습입니다. 요즘 아이들은 즉각적인 만족감을 주는 TV, 유튜브, 게임 등의 시청각적 자극에 익숙해져 있으니까요. 이 같은 현상에 미국 워싱턴대학교 정보대학원 데이비드 레비 교수는 '팝콘 브레인popcorn brain'이라는 이름을 붙였습니다. 팝콘 브레인이란 스마트폰 등 디지털 기기의 빠르고 강렬한 자극에 익숙해져 현실의 느리고 약한 자극에는 무감해지는 현상을 가리킵니다.

레비 교수는 이 같은 뇌의 변화가 학생들의 주의력과 집중력은 물론 대인 관계 형성에까지 어려움을 준다고 주장했지요.

독서를 제대로 하려면 능동적인 의미 파악 후, 머릿속에 떠오른 생각을 그려나갈 줄 알아야 합니다. 상당한 집중력이 필요하기에 팝콘 브레인 상태인 아이들이 스스로 알아서 책을 집어 들기란 쉽지 않습니다. 그렇다고 평생 숏폼 영상과 SNS에 빠져 살게 할 수도 없는 노릇입니다. 도대체 어떻게 해야 아이들에게 독서의 재미와 가치를 가르쳐줄 수 있을까요?

독서에 재미를 느끼도록 도와줄 두 가지 방법

첫째, 실감 나게 소리 내 읽기, 역할극 해보기, 인상 깊은 장면 그림으로 표현하기, 나만의 이야기 만들기처럼 재미있는 독서 활동을 활용해보세요. 다양한 독서 활동이 책 읽기를 즐거운 활동으로 바꿔줄 테니까요. 많은 준비도 필요 없지요. 아이가 좋아하는 몇 가지 활동만 반복해도 충분하고요.

둘째, 아이의 관심사와 연결되는 책을 골라 흥미로운 이야기나 정보를 발견하도록 돕는 것도 좋은 방법입니다. 책의 내용에서 재미를 찾게 하는 것이지요. 동물을 좋아하는 아이에게는 동물에 대한 놀라운 정보가 담긴 책을, 모험을 꿈꾸는 아이에게는 흥미진진한 모험 이야기를 추천할 수 있겠죠?

독서에서 의미 발견하기

남미영 한국독서교육개발원장의 말에 따르면, 21세기 독서 교육의 목표는 "아이가 사고력을 동원해 책의 내용을 자기화하는 과정"에 있습니다. 책을 읽어내려가는 과정에서 자신만의 의미를 찾을 수 있어야 한다는 것이죠. 도대체 책에서 무슨 의미를 찾으라는 이야기일까요? 마음먹고 찾아보면 책 속에는 현실의 고민과 문제들을 해결하는 데 도움이 될 만한 내용이 가득합니다. 예를 들어, 장래희망이 과학자인 아이에게는 위대한 과학자들의 삶이나 최신 과학의 놀라운 발견이 담긴 책을 읽힐 수 있겠네요. 친구 관계로 고민하는 아이에게는 우정에 대해 다룬 책을 추천하면 어떨까요? 독서를 마친 아이와 아래와 같은 대화를 나눠도 좋겠지요?

보호자: 이전에 이야기한 책 읽어봤어?

아이: 네, 친구에게 다가가는 방법을 친절하게 소개하더라고요.

보호자: 실천해봤니?

아이: 한두 가지는요. 처음에는 잘 안됐는데, 책에서 나온 대로 연습해보니까 조금씩 나아지는 것 같아요.

책에서 의미를 발견한 아이들은 독서가 단순히 읽기를 넘어, 삶에 실질적인 도움을 주는 유용한 활동임을 깨달을 것입니다.

읽기는
너무 어렵다

'듣기, 말하기, 읽기, 쓰기'는 언어의 4대 기능입니다. 언어 발달도 이 순서로 이뤄지지요. 듣기의 난이도가 제일 낮고, 그다음이 말하기라는 뜻입니다. 일단 아이들은 엄마 배 속에서부터 끊임없이 무언가를 듣습니다. 듣기에 익숙해진 아이들은 보통 생후 2개월부터 옹알이를 시작하는데, 6개월에 접어들면 옹알이가 급격히 늘어나며 본격적으로 말하기를 연습하죠. 이때는 보호자와의 상호작용을 통해 실시간으로 피드백을 받습니다. 자연스럽게 접하고 익히며 듣기와 말하기 능력을 키우는 것입니다. 반면, 문자는 구조가 복잡할 뿐 아니라 문법과 맞춤법 등의 학습 요소도 매우 다양하죠. 그래서 학습이 가능한 읽기 수준에 도달하기 위해서는 충분한 교육과 시간이 필요합니다. 듣기와 말하기처럼 자연스럽게 배울 수 있는 기능이 아니라는 의미죠. 그렇다면 어떻게 해야 살아가면서 반드시 필요한 읽기와 쓰기 능력을 제대로 키워줄 수 있을까요?

자동화 과정이 있어야 비로소 읽기가 완료된다

읽기 능력 키우기에는 의식적인 노력과 꾸준한 연습이 필요합니다. 즉각적으로 단어의 의미를 이해하는 '자동화 과정'에 익숙해져야 진정한 독해가 가능하기 때문입니다. 이를테면 '사과'라는 단어에서 바로 빨갛고 둥근 과일을 떠올리는 식입니다. 오랜 시간 읽기 연습을 통해 '사과'라는 글자와 그 의미가 뇌와 연결되었기 때문에 가능한 일입니다. 참고로, 자동화 과정에는 몇 가지 복합적인 능력이 필요합니다.

- 글자 해독: 글자와 소리를 연결하는 능력
- 읽기 유창성: 글을 끊김 없이 자연스럽게 읽는 능력
- 내용 이해: 읽은 내용의 의미를 파악하는 능력

세 가지 능력을 모두 활용할 줄 알아야 '읽었다'고 여겨지는 행위, 즉 독해를 완료했다고 볼 수 있습니다. 더불어 어린아이들은 아직 자동화 과정에 익숙해지지 못한 상태입니다.

부모가 아이의 읽기 과정을 도와주는 방법

읽기는 운동과 그 성격이 비슷합니다. 재미없고 힘들게 느껴질 때도 있지만, 운동을 안 하면 건강하게 살아갈 수 없지요. 읽기도 비

숫합니다. 적당한 난이도의 읽기를 꾸준히 해나가야만 건강한 정신으로 살아갈 수 있달까요. 그렇다면 어떡해야 아이가 읽기에 익숙해질 수 있을까요?

첫째, 꾸준한 읽기 경험을 제공해주세요. 매일 조금씩, 약속된 시간에 독서하는 습관을 들이도록요. 쉬운 책으로 시작해야 한다는 점은 두 말하면 입 아프겠지요?

둘째, 아이가 좋아하는 것에서부터 시작해보세요. 아이마다 더 관심 있어 하는 소재나 주제가 있기 마련이잖아요. 관심 소재나 주제부터 시작해 아이가 점차 독서에 흥미와 자신감을 붙이도록 도와주세요.

셋째, 눈으로만이 아니라, 소리 내 읽게 해보세요. 아이만의 말하기 속도로요. 이 같은 방법은 집중력이 떨어지거나 어려운 글을 읽을 때 특히 유용하지요. 보호자도 아이와 함께 소리 내 읽으면 더 좋아요.

넷째, 독서를 마친 아이와 책에 대해 자유롭게 대화해보세요. 이때는 절대 특정한 주제에 얽매여서는 안 됩니다. 대화의 흐름이 본인의 생각 방향으로 나아가야만 아이가 독서에 흥미를 잃지 않으니까요.

다섯째, 무엇보다 중요한 것은 보호자의 여유입니다. 아이가 읽기를 어려워한다고 조급해지지 마세요. 모든 아이는 자신만의 속도로 성장합니다. 아이의 속도를 존중하고, 긍정적인 피드백을 주는 것이 무엇보다 중요하다는 사실을 잊지 말아 주세요.

독서 후에
성취감을 느끼지 못한다

2023년 문화체육관광부에서 실시한 국민 독서 실태에 따르면, 대한민국 학생들의 지난 1년간 종합 독서율*은 95.8%, 연간 독서량은 36권입니다. 종합 독서율 43.0%, 연간 독서량 3.9권인 성인에 비해서는 꽤 높은 수치이지요? 문제는 대다수가 여기에 아무런 성취감도 느끼지 못한다는 것입니다. 독서로 무엇을 얻었는지, 독서가 나에게 어떤 의미인지 전혀 고민하지 않는달까요. 정확히는 그런 고민을 할 기회가 없었던 것이겠지만요.

독서를 그저 숙제로만 여기면 지속적인 습관으로 이어갈 수 없습니다. 목표를 세우고, 그 결과를 성찰하는 경험이 부족한 탓입니다. 독서를

---

* 교과서·학습참고서·수험서·잡지·만화 등을 제외한 종이책, 전자책, 오디오북 등의 일반도서를 한 권 이상 읽거나 들은 사람의 비율

통해 성장할 수 있다는 사실을 스스로 깨달아야만 진정한 독서의 가치에 눈뜰 수 있으니까요. 그렇다면 어떻게 해야 아이들이 독서에 대한 성취감을 느끼게 할 수 있을까요?

지속적인 독서를 위해 필요한 것 두 가지

한 가지 일을 지속하려면 무엇이 필요할까요? 눈으로 확인 가능한 보상, 다른 사람의 도움, 비슷한 목표를 가진 사람과의 협력, 모두 도움이 되겠죠. 하지만 이 같은 외부 요인만으로는 혼자서 지속해나갈 힘을 얻기가 어렵습니다. 이때 필요한 두 가지가 '목표 세우기'와 '과정 돌아보기'예요. 이 두 가지가 있으면 독서와 관련된 내적 동기가 형성될 뿐 아니라, 성취감도 느낄 수 있거든요.

먼저 목표 세우기부터 알아보겠습니다. 목표는 아이들에게 방향성을 제시하고 앞으로 나아갈 힘을 줍니다. 이때 주의할 점은 그냥 "책을 읽자" 같은 목표로는 부족하다는 것입니다. 수치의 정량화 등 구체적이고 명확한 목표가 필요합니다. 예를 들어볼까요?

- 이번 주에는 동물 관련 책 속에서 마음에 드는 동물 10마리를 골라볼까?
- 이번 달에는 네 마음에 드는 시집을 스스로 골라서 읽고, 독후감을 써볼까?
- 이번 방학에는 '○○○ 시리즈'를 모두 읽어볼까?

위 예시와 달라도 괜찮습니다. 어떤 형태든, 실천 가능하며 아이가 도달 여부를 분명하게 확인할 수 있는 목표를 세워보세요. 목표 달성 여부를 쉽게 파악할 수 있다면 아이가 성취감을 느끼기도 쉽겠죠? 한 가지 주의할 점은 목표를 '완벽하게' 달성하지 않아도 된다는 점입니다. '목표 세우기'는 의미 있는 독서를 했는지 되돌아보기 위한 도구에 불과하니까요. 계속 강조하듯이, 목표를 성취하려 노력하며 조금이라도 성장했다면 그것으로 충분합니다.

목표를 달성한 후에는 과정을 돌아봐야 합니다. 이 과정에서 아이들은 스스로의 성장을 인식하고, 독서의 가치를 느낄 수 있습니다. 독서를 마친 아이와 다음 주제로 대화해보세요.

- **몰입 경험**: 어느 부분에서 가장 집중이 잘됐어? 집중해보니 어때? 뿌듯하지?
- **목표 달성**: 목표를 어느 정도 달성한 것 같아? 1에서 10점으로 표현해볼래? 달성하지 못했다면, 이유는 뭐야? 다음 목표는 무엇을 바꾸면 좋을까?
- **정보 습득**: 책에서 원하는 정보를 얻었어? 새롭게 알게 된 내용이 있어?
- **감정 공유**: 독서하며 어떤 감정을 느꼈어? 등장인물은 어떤 감정을 느꼈을까?

아이들은 목표를 세우고, 성취를 되돌아보는 '의식적인 노력'을 통해 조금씩 성장할 수 있어요. 아이들이 작은 독서의 성공 경험을 쌓아가며, 자신감을 키우도록 도와주세요. 보호자의 아주 작은 격려도 아이들에게는 큰 힘이 된답니다.

독서를
너무 열심히 한다

저는 한국인의 힘이 최선을 다해 빠르고 정확하게 목표를 달성하려는 노력에서 나온다고 생각해요. 그래서 한국전쟁 이후 최빈국이던 대한민국이 한 세기도 지나지 않아 세계 10위권 경제 대국으로 올라선 거라고요. 그렇지만 독서만큼은 절대 이렇게 해서는 안 돼요. 독서는 마라톤 같은 것이라 '빨리'보다 '오래'가 중요하거든요. 그러려면 힘을 빼고 천천히 나아가야 하지요.

독서에 대한 강박을 내려놓자

책은 평생 함께해야 할 소중한 친구예요. 이 사실을 깨우쳤다면, 짧은 시간 동안 많이 읽히는 것보다 책을 가까이 하는 생활습관이 더 중요하다는 이야기에 고개가 끄덕여질 거예요. 책을 통해 아이들이 세상을 더 넓게 보고, 깊이 생각하고, 상상력을 키우도록 어른들이 도와줘야 한다는 사실에도요. 그럼 이제 어른들이 아이들의 독서를 도울 방법을 알아볼까요?

첫째, 일부분만 골라서 또는 조금씩만 읽혀보세요. 모든 책을 처음부터 끝까지 다 읽어야 한다는 생각에 부담스러웠던 적 없나요? 어른들도 그러한데 아이들에게는 더 말할 필요도 없겠죠. 그러니 아이가 관심을 보이는 부분만 골라서, 또는 하루에 미리 약속한 몇 쪽씩만 읽혀보세요. 이렇게 하면 여러 종류의 책을 더 쉽게 접하게 만들 수 있지요.

둘째, 책을 읽고 난 뒤에 아이가 무슨 생각을 하는지 묻고 수다를 떨어보세요. 많은 경우, 독서를 마친 아이들에게 어른들은 이런 질문들을 던집니다.

"이 책의 주제는 뭘까? 주인공의 이름은 뭐야?"

이처럼 정답이 있는 질문은 마치 독서 퀴즈에 참여하는 기분이 들게 만들 위험이 있어요. 질문자가 원하는 정답이 정해진 질문도 마찬가지죠.

"주인공의 상황처럼, 친구가 위기에 처한 모습을 볼 때 어떻게 행동해야 할까?"

이런 질문에는 대부분의 아이가 자기 생각이 아니라 모범 답안을 읊어요. 이런 질문들에 의미가 없다는 뜻은 아니에요. 교육적으로 충분히 의미 있는 질문들이지만, 독서 직후에는 지양하는 것이 좋다는 것이지요. 일단은 가벼운 수다를 떨 듯 자유롭게 대화해보세요. 독서 후 아이들과의 대화를 시작할 때는 이런 질문들이 좋아요.

- 이 책에서 가장 기억에 남는(재미있는) 부분은 어디야?
- 이야기의 마지막 부분을 바꾼다면, 어떻게 만들고 싶어?
- 이야기 속으로 들어간다면, 어떤 등장인물이 되고 싶어?
- 이 책에 나오는 장소 중 어디를 직접 가보고 싶어?
- 네가 주인공이라면, 어떻게 문제 상황을 해결할 거야?
- 이 책의 내용으로 영화를 만든다면 어떤 장면을 꼭 넣고 싶어?
- 이 이야기가 우리 동네에서 벌어진다면 어떻게 달라질까?
- 이 책에 나오는 물건 중에 가장 갖고 싶은 게 뭐야?

첫 번째 질문으로 예를 들어볼까요?

> 보호자: 가장 기억에 남는 부분이 어디야?
>
> 아이: 주인공이 모험을 나서는 부분이요.
>
> 보호자: 주인공처럼 모험을 떠난다면 어디로 가보고 싶어?
>
> 아이: 아마존 열대우림이요!

셋째, 혼자 읽히지 말고 함께 읽어보세요. 독서를 반드시 혼자서 조용히 해야만 하는 것은 아니거든요. 보호자와 돌아가면서 소리 내 읽어본 뒤 대화로 서로의 생각을 나눠본다면 아이들이 독서에 더 큰 재미를 느끼지 않을까요?

 독서 습관을 충분히 형성하지 못했다

독서가 힘든 마지막 이유는 '습관이 들지 않았다'는 것입니다. 자연스러우며 무의식적인 행동인 습관에 독서가 포함되지 못한 거죠. 독서하는 습관을 들이기가 어려운 까닭은 이미 존재하는 다른 습관들 때문이에요. TV 또는 유튜브 시청, 스마트폰 게임 같은 것들이요. 이런 습관들이 독서 습관의 형성을 방해하지요. 하교 후 곧바로 스마트폰으로 영상을 시청하거나 게임하는 습관에 익숙해진 아이에게, 그런 것 대신 책을 읽으라고 하면 독서에 거부감을 느낄 수밖에 없지 않을까요?

그렇다고 너무 걱정할 필요는 없어요. 아직 초등학생인 아이들에게는 기회가 있으니까요. 초등학교 때가 건강한 습관을 형성할 수 있는 최적의 시기거든요. 이 시기를 100% 활용하려면 일단 독서하는 환경을 만들어줘야겠지요?

습관을 만드는 원리

독서하는 환경을 만들어주려면 제일 먼저 독서 습관 형성에 방해가 되는 요소를 없애야 합니다. 독서 습관 형성을 방해하는 대표 요소는 아래와 같습니다.

- **디지털 기기 방해**: 스마트폰 알람, 스마트폰을 자주 확인하는 습관, TV나 컴퓨터가 쉽게 보이는 자리 배치
- **물리적 환경**: 산만한 소음(대화나 음악 소리, 디지털 기기 소음), 아이의 흥미를 끄는 책이 없음, 정돈되지 않은 책상
- **그 외**: 지나친 숙제, 신체적 불편함(시력, 피로감 등)

아이들은 남의 행동을 보면서도 많이 배우니, 보호자가 책 읽는 모습을 자주 보여주는 것도 도움이 됩니다. 독서에 대한 생각이 비슷한 사람(가족)들끼리 모여 독서 모임을 만들어도 좋겠지요. 당연히 아이를 포함해서요. 독서 모임의 진행 방식은 다양하겠지만, 저는 아래 방법을 추천합니다.

- 일주일에 한 번 모여 책 읽는 시간 가지기
- 2주에 한 번 모여 자신이 재미있게 읽은 책 공유하기
- 한 달에 한 번 지정한 도서를 읽고 떠올렸던 생각 공유하기

'상황-행동-보상'의 일정한 패턴을 만들어보는 것도 좋아요. 잠들기 직전, 거실에 가족들이 모여서(상황) 20분 독서하고, 이야기를 나눈 다음(행동), 스티커(보상)를 붙이는 식으로요. 습관 형성에는 끊어지지 않고 이어나가는 것이 중요하니, 매일 조금씩이라도 꾸준히 독서하도록 도와주세요. 그러려면 무엇보다도 독서 시간을 확보해야겠지요? 처음에는 짧은 시간, 쉬운 책부터 읽히며 점차 독서 횟수를 늘려주세요. 일단 시작했다면 적어도 10분 독서 후, 하루에 몇 번의 독서 시간을 가졌는지 세어봅니다.

독서 습관을 만드는 5단계

독서에 익숙지 않은 아이의 독서 습관 형성에 가장 중요한 것은 보호자의 도움입니다. 일단 함께 시작한 뒤, 점차 독서의 주도권을 아이에게 넘겨주세요. 단계별로 설명해보겠습니다.

1단계는 보호자가 고른 책을 함께 읽어보는 것입니다. 책과 관련된 활동도 이것저것 해보고, 집에 다양한 책을 두어 아이 스스로 책을 고르는 연습도 시켜주세요.

2단계는 아이가 고른 책을 함께 읽어보는 것입니다. 서점이나 도서관에서 고르게 하면 됩니다. 만약 아이가 책 고르기를 어려워한다면 몇 가지 후보를 제시한 뒤, 그중에서 고르게 하세요.

3단계는 책을 읽고 나서 생각을 말하거나 글로 써보게 하는 것입니다. 이전보다 한 권의 책을 더 깊이 들여다보게 하는 과정이지요.

4단계는 독서 모임에 참여하는 것입니다. 이를테면 비슷한 또래 아이를 둔 가족들끼리 같은 책을 읽고 모여 생각을 나누는 것이지요. 아이 혼자서는 끝까지 읽기 힘들었을 책도 재미있어하며 읽는 모습을 볼 수 있습니다.

5단계는 스스로 책 읽기입니다. 읽고 싶은 책을 스스로 골라 읽고, 생각도 정리하는 것이지요. 다만 5단계는 아이 혼자서 지속하기 어려울 수도 있어요. 어른들에게도 쉽지 않은 일이니까요. 아이 혼자서 책을 읽더라도, 주기적으로 생각을 주고받을 사람이 곁에 있는 것이 좋습니다.

초등 3학년부터 독서 방법이 바뀌어야 한다

2장

독서 지도 전
보호자가 체크해야
하는 6가지 질문

인공지능이 본격적으로 두드러지기 시작한 탓에 아이들에게 무엇을, 어떻게 교육해야 할지 혼란스러운 시기입니다. 교육 전문가들은 여전히 독서가 매우 중요한 학습 도구이고 사고력 발달의 핵심적인 수단이 될 수 있다고 말하지만, 앞에서 살펴본 바와 같이 아이들은 독서를 어려워하고 어른들도 어떻게 독서 교육을 해야 할지 고민이지요.

고민 해결을 돕기 위해 여섯 가지 핵심 질문으로 독서를 방해하는 요소와 독서에 필요한 환경 그리고 효과적인 독서 교육 방법을 알아보고자 합니다. 각각의 질문에 대한 구체적인 사례와 실천 방안이 포함돼 바로 활용 가능하도록 구성했습니다. 무엇보다 아이에게 이 질문들을 던져보세요. 그 과정 자체가 의미 있는 독서 교육의 시작이 될 테니까요.

독서를 방해하는 것들을 알고 있나요?

2016년, 경기도 교육청은 초중고 학생들을 대상으로 '독서하지 않는 이유'를 설문 조사했습니다. 응답자의 29.1%가 '스마트폰과 컴퓨터를 하느라', 27.8%가 '책 읽을 시간이 부족해서', 24.5%가 '책 읽는 행위가 지루해서'라고 답했지요. 여기에서 아이들의 독서를 방해하는 요소들을 파악할 수 있습니다.

독서할 시간이 부족합니다

'공부할 시간도 부족한데, 무슨 독서?'라고 생각하시나요? 하지만 정말로 독서할 시간조차 없는 거라면 아이의 일상을 다시 살펴볼 필요가 있습니다. 독서는 공부의 기본기인 '생각하는 힘'을 기르는 가장 효과적인 방법이니까요. 아래 예시를 참고해 아이가 의미 없이 낭비하는 시간은 없는지, 너무 많은 과제에 허덕이고 있지는 않은지 살펴보세요.

- **자기 통제가 어려운 활동**: 영상 시청, SNS
- **너무 많은 과제**: 지나친 선행학습, 너무 많은 학원

아이가 독서에 거부감이 있습니다

독서에 대한 거부감도 큰 방해 요인 중 하나입니다. 거부감의 원인은 다양하지요. 책의 내용이 너무 어렵게 느껴지거나, 오랫동안 집중해야 해서 힘들거나, 다른 매체에 비해 재미가 없거나, 강요당해 하는 활동이라 귀찮거나 등등. 이 같은 문제를 해결하려면 독서 시간의 효율적인 관리가 필요합니다. 15~20분 정도, 짧게라도 집중력을 유지하게 도와주세요. 아이의 컨디션에 따라 유동적으로 독서 시간을 조절하며, 정해진 시간 내에서 자유롭게 원하는 책을 읽게 하는 것이 좋습니다. 사이사이 적절한 휴식으로 피로도도 관리해주고요.

독후 과제에 대한 부담감도 독서에 대한 거부감의 원인 중 하나겠지요. 현재 아이의 독서 능력을 정확히 파악하고, 쉬운 책부터 독서로 성취감을 느낄 수 있도록 해주세요. 독서 후 간단히 줄거리를 읊거나, 인상 깊은 장면을 꼽아보거나, 주인공의 행동에 대한 생각을 나누는 등 간단하면서도 효과적인 활동을 정기적으로 반복하는 것이 좋습니다. 이후

단계적으로 난이도를 높이며 아이가 이해 가능한 수준의 독서 토론을 진행하면 효과적입니다. 4컷 만화 그리기나 책 표지 만들기처럼 복잡하고 시간이 많이 소요되는 활동은 가급적 지양하고요.

마지막으로 자발성 강화를 위해 아이의 관심사와 연관된 도서를 선정하고, 강요하지 않는 분위기 속에서 독서 과정에서의 작은 성취를 칭찬해주세요. 아이가 자연스럽게 독서의 즐거움을 깨달을 수 있도록요.

이러한 방안들은 아이의 개별적 특성과 상황을 고려하여 탄력적으로 적용하는 것이 중요합니다. 독서가 부담스러운 과제가 아닌, 즐거운 일상이 될 수 있도록 꾸준히 지원해주세요.

독서 활동은 반드시 재미있어야 할까요?

아이들이 독서를 즐거운 활동이라고 인식하도록 도와주는 과정은 매우 중요합니다. 하지만 너무 재미만을 추구하다 보면 정작 책 읽기에 집중하지 못할 수 있습니다. 오히려 독서를 통해 새로운 것을 배우고 생각을 넓히는 과정 자체에서도 즐거움을 찾을 수 있죠. 책을 읽을 때는 아래와 같이 목적을 분명하게 세우고 활동을 시작해보세요.

	목적	내용을 예측하고 독서의 방향 설정하기
독서 전	활동 예시	• 표지만 보고 내용 추측하기 • 책 속 그림 보고 줄거리 추측하기 • 책을 읽고 난 뒤에 어떤 활동을 할 수 있을까 생각해보기

독서 중	목적	글의 핵심을 파악하고 이해의 깊이 더하기
	활동 예시	• 마음에 드는 문장 찾기 • 인물 구조도 그리기 • 새롭게 알게 된 단어 적기
독서 중	목적	학습한 내용을 정리하고 생각 확장하기
	활동 예시	• 책 평점 매기기 • 책 결말 바꾸기 • 질문 만들기

초등 3학년부터 독서 방법이 바뀌어야 한다

독서에 도움이 되는
환경을 알고 있나요?

목표를 달성하는 사람들의 특징은 무엇일까요? 강인한 마음 가짐? 굳은 의지? 『아주 작은 습관의 힘』이라는 책을 쓴 제임스 클리어는 '동기 부여는 생각보다 중요하지 않다Motivation is overrated'고 말했습니다. 강한 의지보다 더 중요한 것이 '환경'이라고요. 독서에서도 마찬가지입니다. 아이들의 독서 습관 형성에는 환경이 매우 중요하지요.

아이들에게 매력적인 책장을 구성하세요

아이의 흥미와 수준을 고려해 좋아하는 책 위주로 책장을 구성하되, 3분의 1 정도는 익숙지 않은 새로운 책을 꽂아보세요. 평소 읽지 않는 분야의 책, 조금 어려울 듯한 책 등으로 아이들이 새로운 도전을 할 수 있게요. 참고로 책은 전집보다 아이들과 함께 서점에 가서 한 권씩 구매하는 것이 좋습니다. 그래야 아이들이 책으로 손을 뻗으니까요.

책을 읽을 수 있는 시공간을 마련해주세요

편안하게 독서할 수 있는 공간을 마련해주세요. 밝은 조명 아래 조용하고 아늑한 공간은 독서하고 싶은 마음을 불러일으킵니다. 일정 시간 동안 온 가족이 모여, 독서도 하고 이야기도 나누는 공간이라면 더욱 좋겠네요. 아이가 책 읽기에 익숙해졌다면, 외출할 때도 책을 챙겨보세요. 대중교통으로 이동할 때, 병원에서 잠시 대기할 때, 틈틈이 독서할 수 있도록 말이에요. 이때는 반드시 보호자가 함께 독서를 해야 한답니다. 어른한테도 어려운 일을 아이에게만 시킬 수는 없잖아요?

지속적으로 독서와 관련된 자극을 제공해주세요

인간의 뇌는 1,000억 개 정도의 '뉴런'이라는 세포로 구성되어 있습니다. 뉴런들끼리는 시냅스라는 구조로 긴밀하게 연결되어 있고요. 시냅스가 인지 기능의 기반이지요. 즉 생각하고, 말하고, 행동하기 위해서는 시냅스끼리 신호를 주고받는 과정이 꼭 필요합니다. 과학자들의 연구 결과에 따르면, 뉴런 사이의 연결과 신호 전달 패턴의 일정한 경향성이 습관을 만들어낸다고 해요. 책을 잘 읽지 않는 사람이 독서를 지속하기 어려운 이유도 여기에 있지요. 독서 습관이 만들어지지 않았달까요. 이때 필요한 것이 '독서 자극'이랍니다.

아이들에게 독서에 대한 관심과 흥미를 꾸준히 유발시키기 위해서는 다양한 자극이 필요합니다. 작가와의 만남이나 독서 방법 소개 강연 등 다양한 독서 관련 행사에 꾸준히 참여하는 것도 좋은 방법이지요. 아이와 책에 대해 주기적으로 대화해보세요. 가능하다면 아이와 함께 독서 모임에 참여해 다른 사람과도 생각을 나눠보고요. 도서관이나 서점에 자주 방문하는 것도 추천합니다. 자연스럽게 독서하는 사람들의 모습을 보다 보면 점차 독서가 일상적인 활동이라고 생각할 수 있을 테니까요. 아이들의 뇌는 이 같은 과정을 통해 점차 독서에 익숙해질 겁니다.

독서를 지속하기 위한 노력: 가족이 함께 참여하기

초등학생 아이들은 가정에서 가장 많은 시간을 보냅니다. 가장 많은 영향을 주는 대상도 높은 확률로 가족이죠. 아이들의 건강한 독서 습관을 위해서 가족의 참여가 반드시 필요한 까닭입니다. 하지만 마음이 있어도 솔직히 실천하기는 어렵지요. 어떻게 참여해야 할지 모르니까요. 도움이 되는 몇 가지 방법을 소개합니다.

먼저, 독서 통장을 만들어보세요. 독서 통장에는 날짜, 책 제목, 인상 깊은 문장, 알게 된 점, 궁금한 점, 느낀 점을 꾸준히 기록하게 합니다.

일주일에 한 번 정도 가족이 독서 통장의 내용을 함께 살펴보면 더 좋겠지요?

둘째, 가족 독서 마라톤을 해보세요. 한 달에 한 번 정도, 미리 정해둔 날짜에 반나절 정도 독서에 집중하는 시간을 가져보는 것입니다. 좋아하는 간식을 준비하고, 다양한 책을 비치하면 아이가 독서에 대한 긍정적인 추억을 쌓을 수 있겠지요? 독후 활동으로는 '인상 깊은 문장 세 개씩 작성하기' 같은 구체적인 행동 목표를 정해주는 것도 의미 있을 겁니다.

마지막으로, 가정 내에 독서 현황표(대시보드)에 이번 달 추천 도서, 가족들이 읽고 있는 책, 독서 관련 행사 일정 등을 기록하고 공유합니다. 아이들도 자연스럽게 책에 익숙해지고, 독서 습관의 틀을 쌓아갈 수 있겠지요.

번거롭게 느껴질 수도 있지만, 아이들이 독서에 가까워지기 위해서는 반드시 건강한 독서 환경이 조성돼야 한답니다. 여기에는 보호자의 역할이 아주 중요하고요. 처음부터 너무 높은 목표를 세우지 마세요. 지속 가능한, 적당한 수준으로 시작해야 유지할 수 있으니까요.

독서에도 준비운동이 필요하다는 사실을 알고 있나요?

보호자: 도대체 왜 그렇게 하는 거야?

아이: 뭐가요?

보호자: 그렇게 하면 안 된다고 했잖아.

아이: 언제요?

수학 공부 중 아이가 실수를 반복하는 아주 흔한 상황을 예로 들어봤습니다. 도대체 무엇이 문제일까요? 교육 활동에서는 보통 계획–활동–피드백의 3단계가 갖춰질 때 기대 결과를 얻을 수 있다고 합니다.

- **계획 단계**: 활동 목표와 과정을 살펴보고, 미리 알아야 할 내용을 훑어보는 단계
- **활동 단계**: 교육 활동에 집중하는 단계
- **피드백 단계**: 활동을 돌아보며, 앞으로 더 잘하기 위한 방법을 찾아보는 단계

위 상황에서는 계획 단계가 미흡했던 것 같네요. 아이가 내용을 충분히 이해했는지 확인하지 않은 채 학습을 이어나가다 보니, 보호자와 아이 모두 힘들어졌달까요. 독서 교육은 어떨까요? 대체로 활동과 피드백 단계는 충실해 보입니다. 책 읽기도 함께하고, 활동지로 생각도 공유하곤 하죠. 하지만 계획 단계는 부족한 경우가 많아요. 어떻게 해야 더 나은 독서 활동을 꾸려나갈 수 있을지 지금부터 알아봅시다.

책과 관련된 생각 떠올리기

비슷한 책을 읽은 경험이나 책의 분야와 관련된 배경지식을 떠올리면 내용 이해에 큰 도움이 됩니다.

> 보호자: 책이 어떤 내용일 것 같아?
>
> 아이: 다양한 동물의 모습을 보여줄 것 같아요.
>
> 보호자: 그런 내용이 담긴 책을 읽어본 적이 있어?
>
> 아이: 책은 읽어보지 않았지만, 여러 동물이 함께 생활하는 도시를 그린 영화를 본 적이 있어요.
>
> 보호자: 그 영화는 어떤 내용이었어?
>
> 아이: 각기 다른 동물들이 모여 살아서 처음에는 갈등도 겪지만 결국에는 위기를 헤쳐 나가는 내용이었어요.
>
> 보호자: 이 책도 그런 내용을 담고 있을까?

독서 목적 세우기

책의 종류와 상황에 맞는 적절한 독서 목적을 세우고 독서를 시작해보세요. 읽기 전 목적을 세우면 독서에 더욱 집중할 수 있으니까요. 책을 읽고 아이들이 할 수 있는 것은 아래 예시와 같습니다. 이 책에서 무엇을 얻을 수 있을지 아이와 함께 고민해보세요.

책을 읽으면 할 수 있는 것 →	이것(독서 목적)을 위해 무엇을 해야 할까요?
교훈을 찾을 수 있다	→ 책 속 교훈을 아이의 문제 상황에 적용하기
재미를 느낄 수 있다	→ 아이가 재미를 느꼈던 장면 TOP 3 찾기
새로운 정보를 얻을 수 있다	→ 새롭게 알게 된 사실을 담은 문장 수집하기
다양한 생각을 만날 수 있다	→ 책에서 만난 다양한 생각 적어보기

적절한 읽기 방법 선택하기

한자리에 가만히 앉아서 집중하려고 애쓰는 것이 가장 효과적이고 적절한 독서 방법일까요? 그렇지 않습니다. 책의 종류와 아이의 성향과 독서 목적 등을 고려하여 상황에 따라 가장 적절하며 효과적인 읽기 방법을 선택해보세요. 읽기 방법은 범위, 시간, 방식에 따라 달라질 수 있습니다.

1 읽기 범위 선택하기

• **특정 부분을 선택해서 읽기**: 백과사전, 정보책, 시집 등 특정 정보나 내용을 찾아볼 때 효과적

• **전체를 차례대로 읽기**: 소설, 동화처럼 이야기의 흐름이 중요한 책을 읽을 때 적합

2 읽기 시간 배분하기

• **여러 번 나눠 읽기**: 긴 소설, 어려운 내용의 책, 깊이 있는 이해가 필요한 책에 적합

• **한 번에 읽기**: 짧은 그림책, 흥미 위주의 책, 몰입도가 중요한 이야기책에 효과적

3 읽기 방식 정하기

• **다른 사람과 이야기하며 읽기**: 토론이 필요한 책, 다양한 관점이 필요한 책, 어려운 개념이 있는 책을 읽을 때 효과적

• **혼자 집중해서 읽기**: 개인적인 감상이 중요한 책에 효과적

책은 눈으로만 읽어야 하나요?

"어떤 자세로 책을 읽어야 할까?"

아이들에게 물어보면, 보통 이렇게 대답합니다.

"책상에 바른 자세로 앉아서요."

초등학교 교과서에서도 바른 자세를 다음과 같이 소개하지요. 책은 책상에 수직으로 세우고, 허리와 목을 꼿꼿이 세워 책을 바라보라고요. 온 정신을 집중해 조용히 읽으라는 내용은 없는데, 많은 사람이 어쩐지 독서할 때는 온 정신을 집중해 조용히 책만 들여다봐야 한다고 생각합니다.

하지만 독서는 단지 눈으로만 하는 활동이 아닙니다. 아직 독서에 숙달되지 않은 아이들에게는 더더욱 그렇죠. 독서는 다양한 감각을 활용하는 종합 활동이 될 수 있습니다. 다음 활동을 통해 독서의 효과를 높이고 아이들은 더 풍성한 독서 경험을 할 수 있습니다.

소리 내 읽기
. . . .

"하늘 천天, 땅 지地, 검은 현玄, 누를 황黃."

옛 서당을 떠올리면 바로 떠오르는 소리지요? 우리 조상님들은 소리 내 읽기의 효과를 잘 알았던 것 같습니다. 이 같은 소리 내 읽기의 효과는 다음과 같습니다.

■ 다양한 자극으로 이해 돕기

글을 눈으로 보고, 소리 내 읽고, 입을 움직이며 읊는 과정에서 여러 감각이 함께 활용됩니다. 뇌의 언어 영역, 청각 영역, 운동 영역이 동시에 자극되면 아이들의 이해력과 기억력 향상에도 도움이 되지요. 각각의 감각이 서로 보완하면서 풍부한 경험을 제공하니까요.

❷ 읽기 과정에서의 오류나 이해 여부 스스로 발견하기

강조하는 부분, 끊거나 쉬어 읽는 부분을 살펴보면 아이가 어느 부분을 잘못 이해하고 있는지 파악할 수 있습니다. 이 과정을 통해 아이 스스로 이해 여부를 점검할 수도 있지요. 소리 내 읽는 중에 아이가 고개를 가웃한다면 어색함을 느끼고 있는 것일 수도 있습니다. 그 부분을 짚어주면 도움이 되겠죠?

❸ 정서적 안정 효과 얻기

소리 내 읽다 보면 내용을 더 쉽게 이해할 수 있습니다. 내용에 흥미를 느끼면 자연스럽게 이야기에 몰입하는데, 이 과정에서 뇌는 안정감을 느끼거든요.

아이와 보호자가 한 쪽, 한 장, 한 챕터, 한 권씩 번갈아 읽을 수도 있고, 누군가 발음을 잘못할 때까지 쭉 읽어나갈 수도 있습니다. 어떤 방식이든 보호자와 아이 둘 다 재미있으며 부담 없이 책 속에 빠져들 수 있는 방법이면 모두 좋습니다.

손으로 읽기

'손으로 읽기'란 중요하다고 여겨지거나 인상 깊은 부분을 표시하고, 독서 중 떠오르는 생각을 메모하는 행동을 뜻합니다. 내용을 더 깊이 있게 이해하고 오래 기억하는 데 도움이 될 뿐 아니라 전체 내용을 정리할 때도 유용하지요. 아래 예시 중 우리 아이에게 맞는 방법을 찾아보세요.

1 밑줄 치며 읽기
중요하다고 생각되는 문장, 나중에 다시 읽고 싶은 문장에 밑줄을 긋습니다.

2 동그라미 표시하며 읽기
중요하다고 생각되는 단어, 새롭게 등장하는 인물이나 배경에 동그라미 표시합니다.

3 단어나 문장 적기
각 쪽이나 장마다 중요하다고 생각하는 단어나 문장을 적어봅니다.

▮4 그림 그리기

인물 관계도, 중요하다고 생각하는 삽화(책에 포함된 그림)를 다른 곳에 그려봅니다.

귀로 듣기

오디오북처럼 다른 사람의 낭독으로 책 내용을 접하는 것도 색다른 독서 경험이 됩니다. 다른 사람의 감정 표현을 통해 책 내용을 좀 더 쉽게 이해할 수도 있는 만큼, 기계음보다 전문 성우의 녹음본이 좋겠습니다. 아래는 아이들을 위한 오디오북이 등록된 플랫폼들입니다.

- 스토리텔(Storytel): https://www.storytel.com/kr
- 오디언(Audien): https://www.audien.com
- 밀리의 서재: https://www.millie.co.kr
- 네이버 오디오클립: https://audioclip.naver.com
- 윌라 오디오북: https://www.welaaa.com/audio

책을 다 읽고 나면
무엇을 해야 하나요?

"꾸준히 독서 교육을 하고 있고, 아이 스스로 책 읽는 습관도 잘 들인 것 같아요. 하지만 과연 생각하는 힘이 자라고 있는지 확신이 서지 않네요. 어떡하면 좋을까요?"

고민하는 초등학교 3학년 학부모에게 저는 이렇게 답했습니다.

"생각이 자라나는 속도는 원래 더뎌요. 건강한 독서 습관의 형성만으로도 정말 훌륭한 성과이니, 마음을 너무 조급하게 먹지 마세요. 시간이 흐르면 분명 아이의 생각이 자라나는 모습을 발견하실 테니까요."

그러면서 한 가지를 살펴보라고 덧붙였지요. 혹시 아이가 책을 단순히 '보고' 있는 것인지, 진정으로 '읽고' 있는지 확인해보라고요.

비슷하게 느껴지는 이 두 표현은 사실 차이가 큽니다. '보는 것'이 단순히 내용만 훑는 것이라면, '읽는 것'은 내용을 깊이 생각하며 이해하고 받아들이는 과정을 의미하니까요. 독서의 진정한 가치는 책 읽는 순

간이 아니라 독서 후 다양한 생각을 하고, 그 생각들이 발전해나가는 과
정에서 찾을 수 있습니다. 아래 활동들을 통해 아이가 독서 후 자유롭게
자기 생각을 펼칠 수 있게 해주세요.

생각 정리하기

책을 읽은 후, 아이에게 꼭 생각을 정리할 시간을 주세요. 생
각을 정리하며 책 내용을 더 깊이 이해할 수 있을 뿐 아니라 사고력과
창의력도 향상되니까요. 다양한 관점에서 세상을 바라보는 힘도 길러
지고요. 생각 정리에 유용한 독후 활동들로는 아래와 같은 것들이 있습
니다.

- 인상 깊은 문장 찾기
- 책 내용에 관한 질문 만들기

  (O/X퀴즈, 빈칸 채우기 문제, 객관식 문제, 주관식 문제)
- 다른 친구에게 책 소개하거나 추천하기
- 줄거리 10문장으로 요약하기
- 가장 기억에 남는 장면 그림으로 표현하기
- 등장인물에게 편지 쓰기
- 이야기 결말 다르게 상상하기

다른 책으로 연결 짓기
· · · · · · · · · · · · · · · · · · · ·

한 발짝 더 나아가 한 권의 책에서 얻은 지식과 생각을 확장시키기 위해 관련 도서들을 읽혀보세요. 같은 작가의 다른 책, 같은 출판사의 다른 책, 동일한 분야의 또 다른 책 등을 찾아볼 수 있겠네요. 서로 다른 책을 비교해 읽어보며 아이는 내용을 더 깊이 있게 이해할 수 있습니다.

아이: 오늘 책 정말 재미있었어요.

보호자: 어떤 부분이 가장 재미있었어?

아이: 서로 다른 생각을 가진 동물들이 협력해서 문제를 해결하는 부분이 기억에 남아요.

보호자: 비슷한 상황이 펼쳐지는 다른 책도 한번 찾아볼까? 아니면 작가님이 쓴 다른 책을 찾아볼까?

삶과 연결 짓기
· · · · · · · · · · · · · · · · · · · ·

독서의 진정한 가치는 책에서 얻은 생각과 지식을 삶에 적용하는 데 있습니다. 책을 통해 배운 내용을 일상생활에서 실천하거나, 다른 지식과 연결 지어 새로운 아이디어를 떠올리게 해주세요. 이 같은 습관은 평생 소중한 자산이 될 겁니다.

보호자: 이 책에서 작가는 무슨 말을 하고 싶었을 것 같아?

아이: 서로 협력하는 자세가 결국 모두에게 도움 된다는 말을 하고 싶었어요.

보호자: 혹시 비슷한 경험이 있었어?

아이: 교실에서 모둠 활동을 할 때 서로 협력하면 과제를 더 빠르게, 잘 만들 수 있었어요.

독서 과정 다시 살펴보기

교육적 효과를 위해서는 독서 활동에도 계획이 필요합니다. 독서 후 다시 한번 계획을 검토해보세요. 독서를 통해 무엇을 얻었는지, 목적을 달성했는지, 독서 방법이 효과적이었는지 되돌아보는 것입니다. 이를 통해 독서 경험을 평가할 수 있습니다. 앞으로의 독서 과정에 반영해도 좋겠지요.

- **읽기 전**: 독서하기 좋은 환경을 만들었나요? 책을 읽기 전 어떤 내용인지 예측했나요?
- **읽기 중**: 소리 내 읽기, 눈으로 읽기, 손으로 읽기 등 다양한 방법으로 책을 읽었나요?
- **읽기 후**: 책을 읽으며 떠오른 생각을 정리했나요? 앞으로 읽을 다른 책을 찾아봤나요?

추천 도서 목록을
어떻게 활용할까요?

　　'명문대에 입학하기 위해 꼭 읽어야 하는 고전 도서 선정',
'○○○ 서점에서 선정한 인생 책', '사서 교사가 뽑은 올해의 도서 선정'.

　　이 같은 광고 문구를 본 적이 있나요? 단순한 광고 문구로 치부하기
엔 해당 책에 실제로 교육적 효과가 있는 것이 사실입니다. 다만 이런
추천 도서 목록을 보다 보면 '이 책들을 모두 읽혀야 하나?' 부담스러워
지기 마련입니다. 하지만 독서의 궁극적인 목적은 세상을 바라보는 자
신만의 관점을 구축하는 데 있지, 단순히 많이 읽는 데 있지 않으니까
요. 책에서 찾은 지식과 다른 사람의 생각을 바탕으로 자신만의 생각을
만들어가고, 다른 사람의 생각과 비교하며 사고력을 기르는 것이 진정
한 독서의 가치입니다. 따라서 추천 도서 목록은 '반드시 읽혀야 할 책
목록'이 아니라 아이들을 독서의 세계로 안내하는 '보물지도' 정도로 생
각해주세요. 보물지도의 활용 방법을 3단계로 나누어 소개합니다.

STEP 1: 추천 도서 만나기

우리나라에서는 한 해에만 수만 권의 책이 출간돼요. 기출간된 책을 포함한다면 이 많은 책 중 무엇이 우리 아이에게 적절할까, 직접 찾아보기는 너무 힘든 일이 될 것입니다. 그러니 다양한 경로로 아이에게 필요하리라 여겨지는 책들을 만나보세요. 아이 친구들이나 담임(학원) 선생님 또는 교육 전문가의 추천, 도서관이나 서점의 추천 코너, 특정 주제를 다룬 도서의 검색 결과 등을 활용하면 되겠죠?

STEP 2: 추천 도서 살펴보기

추천 도서를 모두 읽힐 수 있다면 좋겠지만 아이들은 학교와 학원을 다녀와야 하고, 숙제도 해야 합니다. 이럴 때 필요한 것이 선택과 집중입니다. 먼저 선별된 추천 도서를 아이와 함께 살펴보세요. 관련된 블로그 포스트 등을 찾아보고, 도서 리뷰를 읽고, 그 책을 미리 읽은 다른 사람들에게 물어보면서요. 아래와 같은 관점이 도움이 될 거예요.

- 책의 주제와 내용이 아이의 나이대에 적절한가요?
- 작가와 작품에 대한 대중의 평가는 어떤가요?
- 이 책에 대한 다른 독자들의 반응은 어떤가요?
- 이 책을 읽고 어떤 교훈/재미/지식을 얻을 수 있을까요?

초등 3학년부터 독서 방법이 바뀌어야 한다

STEP 3: 아이에게 맞는 책 선택하기

아무리 좋은 책이라도 우리 아이에게 맞지 않으면 의미가 없습니다. 아래 요소들을 고려해 아이의 개별적 특성에 맞는 책을 최종적으로 선택해보세요.

- 지금 아이에게 필요한 책인가요?
- 아이가 관심을 보이는 주제인가요?
- 아이가 읽을 수 있는 수준에 해당하는, 적절한 분량의 글을 포함하고 있나요?
- 책 읽기가 너무 지루하지 않도록 적절하게 그림이 포함되어 있나요?

반드시 제가 소개한 방법을 따라야만 하는 것은 아닙니다. 저는 추천 도서 목록을 활용하는 하나의 방법을 제안했을 뿐이니까요. 중요한 것은 아이가 얼마나 즐겁게 책을 읽었는가, 또 책을 읽고 생각하는 과정에서 얼마나 성장했는가죠.

추천 도서 목록은 길잡이일 뿐이니 절대적인 기준으로 삼지는 말아주세요. 때로는 추천 도서 목록에 없는 책이 아이에게 더 의미 있는 독서 경험을 제공할 수도 있습니다. 스스로 책을 선택하고, 자신만의 독서 취향을 발견해나가며 소중한 독서 경험을 쌓을 수 있게 도와주는 것으로 충분합니다.

3장

독서 중 만나게 되는 문제 상황, 어떻게 해결해야 할까요?

"우리 아이는 독서를 싫어해요", "도서관에 가도 학습 만화만 찾아요", "관심 주제의 책만 고집해요."

독서 교육에 대해 대화해보면, 크게 위 세 가지를 고민한다는 사실을 알 수 있습니다. 많은 보호자가 독서의 중요성에 공감해 책도 많이 사고 열정적으로 독서 시간도 정해보지만, 곧 현실적인 어려움에 부딪혀 좌절하기 때문이지요. 달래도 보고, 때로는 선물도 주며, 진지한 대화를 시도해봐도 효과는 모두 일시적입니다.

'그래, 건강하게 자라는 게 우선이지.' 마음먹어봐도 아이가 독서에 조금만 더 관심을 보이면 좋겠다는 생각을 떨치기 어렵습니다. 이에 지금부터 독서 교육과정에서 흔히 마주치는 여섯 가지 문제 상황과 해결 방안을 살펴보겠습니다. 아이의 성향과 상황에 맞게 적절하게 활용하면 분명히 도움이 될 것입니다.

글을 오래 읽지 못하는 아이: 읽기의 즐거움을 알려주세요

오후 2~3시까지는 학교에서, 그 후는 방과 후 활동이나 학원에서 시간을 보내는 아이들은 저녁 식사 후에야 겨우 개인 시간을 갖지만, 그마저도 숙제를 하곤 합니다. 가족과 함께할 시간조차 부족한데 독서할 여유가 있을 리 없죠. 그 와중에 아이들이 접하는 텍스트는 대부분 독해 문제집 속 1쪽짜리, 교과서 몇 쪽짜리처럼 짧습니다. 아이들에게 진짜 읽기를 경험하게 해주려면 어떤 노력이 필요할까요?

글을 읽고 생각을 나누어라

독서의 즐거움을 알지 못하는 아이가 처음부터 긴 글을 읽어내기란 어렵습니다. 글을 많이 읽어야만 독서의 즐거움을 느낄 수 있는 것도 아니고요. 게다가 대부분의 아이들은 온전한 형태의 글을 오롯이 집중해서 읽는 경험 자체가 부족합니다. 일단 아이의 수준에 맞는 적절한 분량과 난이도의 글을 읽히고, 생각을 나누는 것부터 시작해보세요.

- **경험 떠올리기**: 너도 비슷한 일을 겪어봤어?
- **상상하기**: 만약 내가 주인공이라면 어떻게 행동할까?
- **비교하기**: 주인공이 다니는 학교와 우리는 학교의 공통점과 차이점은 뭐야?
- **예측하기**: 이 책의 뒷부분을 상상해보자. 어떤 일이 펼쳐질까?
- **감정 떠올리기**: 이 장면에서 주인공의 기분은 어땠을까?
- **평가하기**: 주인공의 말과 행동은 적절했다고 생각해?

아이가 생각을 펼쳐나갈 때는 옳고 그름을 판단하지 말고, 적극적으로 칭찬해주세요. 아쉬운 부분이 있더라도 지적하지 마세요. 다른 생각도 할 수 있음을 알려주는 정도로 그쳐야 합니다.

다양한 읽기 상황을 경험시키자

"언제 읽기가 필요할까?"
질문하면 많은 아이가 이렇게 대답합니다.
"공부할 때요." "시험 칠 때요."
대답이 너무 아쉽지요? 그렇지만 읽기를 만난 순간이 적은 아이들은 이렇게 답할 수밖에 없지요. 그러니 다양한 읽기를 경험하게 도와주세요. 경험 속에서 책의 진정한 의미를 깨달은 아이들은 혼자서도 독서를 지속해나가니까요. 다음은 놓치지 말아야 할 '읽기가 필요한 순간'입니다.

- 요즘 화제가 된 주제에 대한 자세한 정보가 궁금할 때
- 어떤 직업에 대한 정보를 얻고 싶을 때
- 친구 관계에서 고민 중일 때
- 사춘기에 접어들어 나의 신체 변화가 궁금해질 때
- 용돈 관리를 더 잘하고 싶을 때
- 성공한 사람들의 비법을 알고 싶을 때
- 이야기를 읽으며 재미를 느끼고 싶을 때

일반적으로 초등학생들은 옛이야기, 창작 동화, 탐정 이야기, 최신 이슈와 기술 이야기, 사회와 과학 이야기, 문학, 역사 이야기 등에 관심이 많답니다. 아이의 흥미에 맞춰 다양한 읽기를 경험시켜주세요.

온 책 읽기를 경험해보자

교과서에는 훌륭한 작가들의 멋진 글이 많이 수록되어 있지만, 지면의 한계 때문에 모든 내용이 담겨 있지는 않습니다. 단원의 목적에 맞게 필요한 내용만 소개하는 교과서만으로는 전체적인 맥락을 파

악하기 어렵지요. '온 책 읽기'는 바로 이 같은 아쉬움을 해결할 방법입니다.

온 책 읽기란 한 권의 책을 모두 다 읽는 활동을 가리킵니다. 일반적으로 한 달 동안 한 권을 끝까지 읽어내지요. 긴 책을 읽어본 적 없는 아이들은 어려워하기도 하지만, 꾸준히 시도하다 보면 결국 이야기에 흠뻑 빠져든답니다. 온 책 읽기의 장점은 다음과 같아요.

- 이야기의 전체적인 맥락을 이해할 수 있습니다.
- 깊이 있는 내용 읽기가 가능해집니다.
- 끈기 있게 독서하는 경험을 쌓습니다.
- 책 한 권을 완독했다는 성취감을 느낄 수 있습니다.

학년에 구애받지 말고 아이의 읽기 수준에 맞는 책, 특별하고 교육적인 주제보다는 많은 아이들의 선택을 받은 책부터 도전해보세요. 참고로, 인터넷에 '온 책 읽기 추천 도서'를 검색하면 도서 목록을 찾을 수 있으니 활용해보세요.

질문에 '모르겠다'고 말하는 아이: 생각을 펼치는 연습이 필요합니다

"왜 그렇게 생각해?", "네 생각은 어때?", "너는 어떻게 했으면 좋겠어?" 독서 후 이런 질문을 하면 많은 아이가 이렇게 대답합니다. "잘 모르겠어요." 아이들이 정말로 아무 생각이 없어서 이렇게 답하는 걸까요?

제 경험상, 생각을 표현하는 방법을 잘 모르거나 자기 생각을 제대로 바라본 경험이 없는 경우가 훨씬 더 많았습니다. '읽는 행위'에만 집중했을 뿐, 읽는 과정에서 자기 생각을 돌아보는 경험은 충분히 갖지 못한 것이지요. 심지어 생각이 들어갈 자리도 없습니다. 아이들의 머릿속에는 주로 글쓴이의 의도, 보호자의 기대, 출제자의 의도가 가득 차 있으니까요. 생각을 표현해본 경험의 부족으로 막연하게 두려워하는 아이도 많습니다. '틀리면 어떡하지?' 걱정하며 생각 드러내기를 피하는 경우도 많고요. 어떻게 해야 아이들의 생각을 끌어낼 수 있을까요?

생각 과정을 보여주세요

생각하는 방법을 가르치는 가장 좋은 방법은, 보호자가 직접 생각하는 과정을 보여주는 것입니다. 이를 '생각 기술법'이라고 합니다. 아래처럼 독서 후 생각을 풀어가는 과정을 직접 보여줌으로써 아이들에게 '이렇게 할 수도 있구나' 하는 단서를 주세요.

- 「토끼와 거북이」를 읽으며: 거북이는 왜 토끼를 깨우지 않았을까 궁금했어.
- 「선녀와 나무꾼」을 읽으며: 선녀의 옷을 숨긴 나무꾼이 잘못했다고 생각했어.
- 「심청전」을 읽으며: 심청이는 아버지를 위해 인당수에 몸을 던졌어. 그 사실을 알고 마음 아파할 아버지의 모습을 떠올리면, 심청이의 행동이 정말 아버지를 위한 것일까 의문스러웠어.

함께 질문을 만들어보세요

많은 교육 전문가가 질문의 중요성을 강조합니다. 질문이 생각의 방향을 결정하기 때문입니다. 독서 후 등장인물에 관해 질문하면 당연히 등장인물에 집중하겠지요? 사건에 관해 질문을 던지면 사건에 집중할 테고요. 독서 후 직접 질문을 만들어본다면 아이들도 비교적 생각을 쉽게 펼칠 수 있지 않을까요? 지금부터 아래 소개하는 What-How-Why 프레임워크를 활용해 질문을 만들어보세요.

1 What(무엇): 기본 정보 파악하기

- 누가 주요 등장인물인가요?

- 이야기의 배경은 어디인가요?

- 어떤 사건이 일어났나요?

2 Why(왜): 깊이 있는 이해와 분석

- 왜 이런 일이 벌어졌나요?

- 이 인물은 왜 이런 선택을 했을까요?

- 작가는 왜 이 이야기를 들려주고 싶었을까요?

3 How(어떻게): 문제 해결과 적용

- 내가 등장인물이라면 어떻게 행동할까요?

- 등장인물은 어떻게 성장했나요?

- 이 이야기에서 배운 점을 어떻게 우리 삶에 적용할 수 있을까요?

대답하기 전 생각을 써볼 기회를 주세요

준비되지 않은 상황에서도 적극적으로 의견을 피력하는 아이들이 있기는 하지만, 대다수 아이에게는 이것이 너무나 어려운 일입니다. '말할 내용을 잊을까 봐', '내 말이 틀렸을까 봐' 두려워하기 때문이죠. 이때 생각을 미리 적어보게 하면 발표의 두려움을 줄여줄 수 있습니다. 이에 생각을 미리 정리하는 데 도움이 될 유용한 말하기 틀을 소개합니다. 다음 예시는 모두 책 소개지만, 다른 상황에서도 충분히 활용할 수 있답니다. 아래 활동들로 아이들에게 생각을 체계적으로 정리하고 표현하는 방법을 가르쳐주세요.

1 의견 말하기

주인공의 말과 행동은 적절하다고 생각합니다. 왜냐하면 ( )이기 때문입니다. 근거는 ( )입니다.

2 소개하는 말하기

제가 읽은 책을 소개하겠습니다. 먼저, 등장인물을 소개하겠습니다. (상세 설명) 이어서 배경을 소개하겠습니다. (상세 설명) 마지막으로 중요한 사건을 말씀드리겠습니다. (상세 설명)

3 비교하는 말하기

제가 읽은 두 권의 책을 비교해보겠습니다. 공통점은 ( )입니다. 반면에 차이점으로는 ( )가 있습니다.

4 문제 해결 말하기

주인공이 겪고 있는 문제 상황은 ( )입니다. 이 문제의 원인은 ( )라고 생각합니다. 그래서 해결 방안으로는 ( )을/를 제안합니다. 이렇게 하면 ( ) 같은 효과가 있으리라 생각합니다.

스스로 책을 읽지 않는 아이: 책을 읽게 하는 조건 3가지가 필요합니다

많은 아이가 어른들이 시켜서 어쩔 수 없이, 수동적인 자세로 책을 읽곤 합니다. 하지만 독서의 진정한 가치를 깨달으려면 능동적인 독서 습관이 필요합니다. 주도적으로 목표를 세우고, 달성해봄으로써 자연스럽게 성공 경험을 쌓아갈 수 있으니까요. 책을 고르고, 읽고, 이해하는 모든 과정이 하나의 작은 성취가 되어 자신감도 키워지고요.

책을 읽을 여유를 만들어주세요

앞에서도 말했듯이, 일단 독서 시간을 확보해줘야 합니다. 매일 규칙적으로 독서할 시간을 마련해주세요. 방해 요소 없이 온전히 책에 집중할 수 있는 환경을 만들어주는 것이 핵심입니다.

- 잠자기 전 15분은 책 읽는 시간으로 정하기
- 주말 오전이나 오후 중 한 시간은 가족 독서 시간으로 만들기

더불어 독서가 부담스러운 스트레스 요인이 되어서는 안 됩니다. 아이가 심리적 압박을 느끼지 않도록 해주세요. 독서가 즐거운 활동이라는 것을 자연스럽게 느끼도록 해주는 것이 중요합니다. 마음에 여유가 있어야 독서를 즐길 수 있을 테니까요. 그런 의미에서 부디 아래 주의사항을 꼭 지켜주세요.

- 독서량이나 속도에 대해 압박하지 않기
- 책의 난이도나 종류에 대해 지나친 간섭 삼가기
- 아이가 원하면 언제든 책을 내려놓게 하기

읽고 싶은 책을 찾아주세요.

아이가 즐겁게 읽을 수 있는 책 찾기부터가 독서 습관 형성의 핵심입니다. 아이의 관심사와 수준을 고려해 적절한 책을 선택하도록 도와주세요. 부모님의 일방적인 선택이 아닌, 아이와 함께 책을 고르는 과정이 필요합니다. 아이가 무엇에 흥미를 느끼는지 관찰하고, 그와 관련된 책들을 찾아보세요. 평소 자주 하는 질문들을 기억해 관련 도서들을 찾아주면 자연스럽게 동기 부여가 되겠지요?

- 아이의 관심사나 호기심을 자극하는 주제의 책 찾아주기
- 또래 친구들 사이에서 인기 있는 책 파악하기

아이가 스스로 책을 선택할 기회를 주는 것도 중요합니다. 책 선택에 자율성 부여해주는 것이지요. 이를 통해 아이는 독서에 대한 주인의식을 가지고, 취향을 발견할 수 있을 겁니다.

- 서점이나 도서관에서 직접 책을 고르는 시간 충분히 가지기
- 일상생활에서 읽고 싶은 책 목록을 평소에 함께 작성하기

처음부터 너무 어렵거나 분량이 많은 책을 제시하면 아이가 부담스러워할 수도 있습니다. 차근차근 시작하세요.

- 쉽고 재미있는 책부터 시작하기
- 비슷한 시리즈나 작가의 다른 책들로 확장하기
- 아이가 좋아하는 장르부터 시작해서 점진적으로 다양한 장르 소개하기

책을 읽을 이유를 만들어주세요

아이들의 입장에서 생각해봅시다. 왜 책을 읽어야 할까요? 공부를 잘하기 위해? 생각을 더 잘하기 위해? 대부분 별로 와닿지 않는 이

유일 것 같습니다. 그럼 어떤 이유가 아이들의 마음에 가닿을까요?

첫째로 매력적인 보상을 고려해볼 수 있습니다. 독서 목표를 달성할 때마다 아이가 매력을 느낄 만한, 아래와 같은 작은 보상을 주는 것입니다.

- 평일에 책 두 권을 읽으면 주말에 간식 타임 가지기
- 한 달 독서 목표를 달성하면 좋아하는 보드게임이나 장난감 선물 받기
- 방학 동안 책 10권을 읽으면, 아이가 원하는 대로 가족이 함께 하루 보내기

'책은 그 자체로 읽어야지, 왜 보상을 줘야 하죠?'

이런 생각이 들 수도 있지만, 매력적인 보상이 책을 전혀 읽지 않는 아이에게 효과적인 독서의 불쏘시개가 될 수도 있지 않을까요? 그 불쏘시개가 또 다른 독서로 이어질 수 있다는 점을 기억해주세요.

둘째는 독서 모임의 참가입니다. 뜻이 맞는 사람들끼리 함께 읽고 토론하는 커뮤니티에 참여해 아래처럼 독서 관련 활동을 하는 것입니다.

- 한 권의 책을 읽고 생각 나누기
- 한 가지 주제에 관한 책 소개하기
- 모임 장소에서 즉석으로 책을 읽고 생각 공유하기

'함께하면 멀리 갈 수 있다'는 말이 있죠? 이 말처럼 또래들과 함께하는 독서 활동은 생각보다 큰 동기 부여가 될 수 있습니다.

셋째는 아이의 수준에 맞는 독서 과제의 제시입니다. 아래 예시와 같은 구체적인 목표가 있으면 아이들은 독서에 더 집중하거든요.

- 가장 인상 깊은 장면을 그림으로 그리기
- 책의 결말을 다르게 상상해서 새로운 이야기 만들기
- 책 속 주인공이 되어 일기 써보기

기억해야 할 점은 소개된 세 가지 이유는 독서의 최종 목표가 아니라는 것입니다. 그래서는 안 됩니다. 독서의 최종 목적은 '성장'이어야 하니까요. 그렇지 않으면 독서가 단기 목표 달성의 수단에 불과해지잖아요? 그러면 아이 혼자서도 꾸준히 독서해나가기는 어렵겠지요.

초등 3학년부터 독서 방법이 바뀌어야 한다

책을 읽고도 내용을 이해하지 못하는 아이: 필요한 내용을 충분히 알려주세요

읽기는 독자가 자신의 (   )이나 (   )을 활용하여 언어를 비롯한 다양한 기호나 매체로 표현된 글의 의미를 능동적으로 구성하는 행위이다.

〈2022 개정 국어과 교육과정〉에서 정의한 '읽기의 의미'입니다. 빈칸에 무엇이 들어갈까요? 정답은 (배경지식), (경험)이에요.

국어 교육 전문가들은 읽기 과정에서 배경지식과 경험의 활용을 매우 중요하게 여깁니다. 만약 아이가 책 내용을 제대로 이해하지 못한다면 충분한 배경지식과 경험이 부족한 것일 수 있어요. 물론 현재 아이의 발달 단계나 이해 수준에 책이 적절하지 않을 수도 있지요. 여기에서는 책을 읽기에 필요한 내용을 충분히 갖추지 못해 텍스트 이해에 어려움을 겪는 아이들을 도와줄 방법 네 가지를 소개합니다.

배경지식 미리 살펴보기

여행 시 전문 가이드의 해설을 들으면 같은 장소도 더 잘 이해할 수 있지 않나요? 독서할 때도 마찬가지입니다. 사전 지식이 독서의 질을 더 높일 수 있죠. 어린이들에게는 새로운 주제를 접하기 전, 배경지식을 쌓는 과정이 특히 중요합니다. 기초 지식이 책 내용을 보다 풍부하게 이해하고 기억하는 데 도움이 되니까요.

- 관련 다큐멘터리나 교육용 영상을 활용해 책 주제와 관련된 전체적인 내용을 살핍니다.
- 책 속의 삽화와 사진을 먼저 살펴보며 내용을 추측합니다.
- 같은 주제를 다루는 쉬운 책부터 시작해 단계적으로 접근합니다. 그림책부터 시작하는 것을 권합니다.

경험 떠올리기

아이가 독서 중 어떤 경험을 떠올린다면 독서를 잠시 멈추고 함께 추억 상자를 열어보세요. 경험은 책 내용을 더욱 풍성하게 이해하도록 만들어주는 놀라운 힘을 가지고 있거든요. 소소한 추억을 책과 연결 지으면 아이들은 더 쉽게 이야기에 빠져들고, 내용도 더 잘 이해하지요.

- 책의 배경이나 상황과 비슷한 경험 이야기하기: "이 장면을 보니까 처음 제주도에 갔던 기억이 떠오르지 않니?"
- 주인공이 느끼는 감정과 비슷한 감정을 느꼈던 경험 회상하기: "우리도 주인공처럼 동물원에 갔을 때 즐거웠지?"
- 책의 소재와 관련된 장소에 가봤던 기억 나누기: "지난여름 부산에 갔을 때 이런 푸른 바다를 봤지?"
- 주인공과 비슷한 사람을 본 적이 있는지 떠올리기: "학교에 주인공이랑 성격이 비슷한 친구가 있니?"

어휘 짚어보기

'다섯 손가락 방법'은 주로 아이의 수준에 맞는 책을 고르는 가장 쉽고 효과적인 방법입니다. 책의 아무 곳이나 펼쳐 아이에게 소리 내 읽어보라고 하세요. 그리고 모르는 단어가 나올 때마다 손가락으로 꼽아보게 하세요.

- 손가락을 한두 개 펴면 아이 혼자서도 어렵지 않게 잘 읽을 수 있는 책입니다.
- 손가락을 서너 개 펴면 적당한 난이도입니다. 도전해볼 만한 책이지요.
- 손가락을 다섯 개 이상 펴면 아직 우리 아이에게 어려운 책입니다. 이런 책은 보호자와 함께 읽거나, 조금 더 쉬운 책을 고르게 하는 것을 추천합니다.

다섯 손가락 방법 이외에도, 아래와 같은 방법으로 어휘를 짚어볼 수 있습니다.

- 책 소개 글이나 영상을 보고, 그 속에 잘 모르는 단어가 있다면 뜻과 예문을 사전에서 찾아봅니다. 책을 이해하는 데 꼭 필요한 표현일 가능성이 높거든요.
- 책 주제와 관련된 다양한 단어를 미리 살펴봅니다.
- 문맥을 통해 단어의 뜻을 최대한 추측해보고, 독서 후 함께 사전을 찾아봅니다. 꼼꼼히 살펴보기보다는 전체적인 의미를 파악하는 정도로 활용하면 좋겠습니다.

선택과 집중

모든 내용을 한 번에 완벽하게 이해하라고 요구하면, 아이 입장에서는 엄청나게 부담스러울 수도 있어요. 아이의 수준과 관심사를 고려해 핵심적인 부분부터 차근차근 이해할 수 있도록 도와주세요. 그러기 위해 다음과 같은 방법을 추천합니다.

- 이야기의 중심 내용이나 주요 사건에 먼저 집중하기
- 아이가 관심을 보이는 부분에 대해 집중적으로 대화 나누기
- 어려운 부분은 나중으로 미루거나 건너뛰어도 괜찮다고 말해주기
- 한 번에 읽는 양을 조절하여 아이가 감당할 만큼의 분량을 정해 꾸준히 읽기

특정 주제에 대한 편독이 심한 아이: 내용보다 과정에 집중해주세요

많은 보호자가 만화책만 들여다보거나, 추리소설만 읽거나, 과학책만 고른다며 아이의 편중된 독서 습관을 걱정합니다. 균형 잡힌 독서가 필요하다고 생각하기 때문이죠. 하지만 특정 분야에 대한 깊은 관심이 오히려 독서 발달의 중요한 단계가 될 수도 있답니다. 더 넓은 독서 세계로 나아가는 발판이랄까요?

여유 가지기

"독서는 운동이나 음악 같은 것입니다. 우리 몸에 필요한 영양소 같은 것이 아닙니다."

독서 전문가인 김은하 선생님의 말입니다. 아이가 다양한 운동이나 음악을 경험하게 만들려고 애쓰나요? 독서도 다양한 책을 골고루 읽어야 한다는 부담감에서 벗어나 아이의 관심사를 존중해주세요. 그러기 위해서는 다음과 같은 마음가짐이 필요하겠지요?

- 아이가 좋아하는 분야의 책을 실컷 읽게 하기
- 읽고 싶은 책을 마음껏 선택하게 해주기
- 다른 분야로의 확장을 강요하지 않기
- 아이의 독서 선택을 믿고 지지해주기
- 독서의 즐거움을 먼저 경험하게 하기

중요한 것은 생각하는 힘 키우기

잡다한 내용을 접하는 것보다, 한 가지 주제라도 제대로 고민하며 사고력을 기르는 것이 더 중요합니다. 한번 이런 능력을 키우면 다른 분야의 책에서도 적용 가능하지요.

- **나만의 생각 가지기**: 등장인물의 말과 행동에 대해 평가하기, 작가가 이 책을 쓴 이유 생각해보기, 책의 주제를 한 문장으로 표현하기
- **내 생각을 중간에 포기하지 않고 결론까지 도달하는 끈기 가지기**
- **다른 사람과 생각 비교하기**: 같은 책을 읽는 친구들과 생각 나누기, 내 생각과 다른 생각을 들었을 때 존중하고 경청하는 태도 가지기

다양한 독서 방법 연습하기

아이가 좋아하는 분야의 책으로 다양한 독서 방법을 연습하도록 도와주세요. 앞으로의 독서 생활에 든든한 기초 체력을 쌓는 것이지요.

- 핵심 내용 요약하는 방법 배우기
- 인상 깊은 구절 수집하기
- 책 목차를 활용하여 내용 정리하기
- 읽은 내용을 다른 사람에게 설명하기
- 중요한 내용 또는 중요하지 않은 내용 구분하기

이처럼 독서 능력을 키워나가다 보면, 자연스럽게 다른 분야에도 관심을 보일 거예요. 아이의 독서 취향을 인정하고 지지하는 것이 더 넓은 독서의 세계로 나아가는 첫걸음이 되리라 믿고, 아이가 자신만의 독서 여정을 만들어가도록 지지해주세요.

책을 읽어도
성장하지 않는 아이:
과정과 결과를
쌓아가야 합니다

"책을 많이 읽어라. 다른 이들이 고생하며 얻은 지혜를 손쉽게 배울 수 있고, 그것으로 자기 발전을 이룰 수 있다."

고대 그리스의 철학자 소크라테스의 말입니다. 책이 우리에게 새로운 시각과 깊이 있는 생각을 선물해준다는 뜻이었겠죠? 안타깝게도 많은 아이가 책을 읽어도 의미 있는 성장으로 나아가지 못하는 것 같지만요. 내용 이해에서 한 걸음 더 안으로 들어가 깊이 있게 고민해보지 못하기 때문입니다. '다른 할 일도 많은데 언제 책을 읽고, 고민까지 하겠어요?' 이렇게 반문하는 사람도 있겠지만, '독서하는 습관'은 인생의 평생 보물이 될 수도 있습니다. 책으로 성장하는 과정에서 중고등학교 공부에서 활용 가능한 '생각하는 힘'이 길러진다는 것도 무시할 수 없겠죠. 진정한 독서의 가치는 단순히 내용을 기억하는 것이 아닙니다. 책에서 배운 것을 자기 삶에 녹여낼 때 비로소 빛을 발하죠.

초등 3학년부터 독서 방법이 바뀌어야 한다

책 읽기 전 준비운동

격렬한 운동 전처럼, 독서 전에도 마음의 준비운동이 필요합니다. 아이들에게 독서 목적을 이해시키고 동기를 부여하기 위해 아래 질문들을 활용해보세요.

- 이 책을 읽고 무엇을 할 수 있을까?
- 이 책을 읽고 어떤 생각을 갖게 될까?
- 책 표지나 제목을 보면 어떤 이야기일 것 같아?
- 이 책을 고른 특별한 이유가 있니?

이런 질문은 평가 수단이 아니라 아이의 생각을 이해하기 위한 도구로 활용돼야 합니다. 평가하지 말고, 그저 아이의 생각에 귀 기울여야 한다는 걸 명심하세요.

독서 과정 인식하기

좋은 독서는 독서 과정을 점검하고 개선하는 것에서부터 시작됩니다. 아이들에게는 스스로의 독서 습관을 인식하고 발전시키는 과정이 필요한 까닭이지요. 자연스럽게 자신의 독서 과정을 돌볼 수 있게 아이들에게 메모하면서 읽는 습관을 들여주세요.

- 모르는 단어나 문장에 표시하고 찾아보기
- 인상 깊은 구절이나 문장 옮겨 적기
- 떠오르는 생각이나 질문 기록하기

독서하는 자기 모습을 인식하게 만드는 것도 도움이 됩니다.

- 언제 책에 가장 집중이 잘되는지 관찰하기
- 어떤 환경에서 책 읽기가 편한지 파악하기
- 책 읽기를 방해하는 요소 생각해보기

마지막으로 이해도를 점검하게 도와주세요.

- 읽은 내용을 자신의 말로 설명해보기
- 핵심 내용을 요약해보기
- 이해가 안 되는 부분 체크하고 다시 읽기

결과물 쌓아가기
· · · · · · · · · · · · · · · · ·

아이들과 함께할 수 있는 독서 활동은 다양합니다. 독서록은 가장 기본적인 활동이지요. 이 밖에도 4컷 만화 요약하기, 인물 관계도 그리기, 명대사 기록하기 등등이 있겠네요. 이런 독서 활동 결과물을 꾸준히 쌓아가는 것은 두 가지 중요한 의미를 갖습니다.

첫째는 '성취감 쌓기'입니다. 그동안 읽은 책과 그에 대한 생각들이 쌓이면 뿌듯함을 느낄 수 있겠지요. 이는 앞으로의 독서 활동에 대한 동기 부여가 될 테고요.

둘째는 '나 알아가기'입니다. 쌓인 결과물을 통해 자신의 관심사, 생각의 변화, 성장 과정 등을 알아볼 수 있을 테니까요. 이는 자기 이해와 정체성 형성에 큰 도움이 되겠지요.

PART 2

40가지
키워드로 읽는
주제별
독서 활동

PART 1에서는 초등 독서의 문제점을 살펴보았습니다. 아이가 독서를 어려워하는 이유, 독서 중 일어날 법한 문제 상황을 통해 현재 초등학생들의 독서 현실을 점검해보았죠. 아이와 독서 사이의 거리를 좁힐 방법들도 알아보았고요. 이런저런 노력 끝에 드디어 아이가 독서에 익숙해졌다면, 이제 아이 스스로 '왜 이 책을 읽어야 하는지' 깨달아야 합니다. 즉, '목적이 있는 독서'를 시작해야 하지요.

목적이 있는 독서에는 세 가지 요소가 필요합니다. 좋은 자료, 좋은 활동, 좋은 대화가 바로 그것이지요. 아이의 읽기 수준에 맞는 적절한 책을 고르고, 의미 있는 활동으로 내용을 내면화하며, 생각이 확장될 만한 대화를 나누는 것. 이 세 가지가 균형 있게 이루어질 때, 아이들의 책 읽기는 비로소 의미 있는 활동이 될 수 있습니다.

• **좋은 자료**: 아이의 지적 발달 수준과 교육 목표에 부합한 자료. 교육 전문가들이 선정하고 많은 아이에게 사랑받아온 검증된 자료. 아이들의 생각을 자극할 수 있는 주제와 내용으로 구성된 자료.

• **좋은 활동**: 책의 내용을 깊이 이해하고, 내면화하도록 돕는 독서 활동. 재미만 추구하는 것이 아닌, 아이의 사고력과 창의력을 키우는 의미 있는 활동.

• **좋은 대화**: 책의 내용을 바탕으로 아이의 생각을 이어나가고 확장시키는 대화. 정답 찾기가 아니라 다양한 관점에서 생각해보도록 돕는 대화. 자신의 경험

과 책의 내용을 연결 지어볼 수 있는 대화.

　지금부터는 초등학생이 책 읽기로 갖춰야 할 능력을 다섯 가지 카테고리로 제시합니다. 단단한 마음, 뚜렷한 주관, 폭넓은 배경지식, 적극적인 표현력, 그리고 깊이 있는 몰입. 모두 독서 능력을 넘어 삶을 살아가는 데 필요한 핵심 역량과 연결되지요. 각 카테고리마다 독서 목표가 될 수 있는 키워드에 맞춰 여덟 가지의 독서 주제를 설정하고, 그 주제에 맞는 구체적인 독서 활동들을 준비했어요. 모든 활동이 다양한 책에 적용 가능하니, 상황과 필요에 따라 유연하게 활용해보세요. 이제 아이의 내적인 성장을 돕는 의미 있는 독서 여정을 시작해볼까요?

1장

단단한
아이를
만드는 독서

공부를 잘하는 것도, 친구와 잘 지내는 것도, 건강하게 생활하는 것도 모두 마음이 단단해야 가능합니다. 마음이 단단하다는 것은 무슨 의미일까요? 그것은 아마 쉽게 흔들리지 않는다는 뜻일 거예요. 새로운 도전 앞에서도, 실패를 경험할 때도 중심을 잃지 않는 것. 그것이 바로 단단한 마음가짐이겠지요.

1장에서는 아이들의 마음을 단단하게 만들어줄 여덟 가지 독서 방법을 소개합니다. 도전과 실패를 두려워하지 않고, 자신만의 목표를 세우며, 장단점을 있는 그대로 받아들이는 법을 독서로 가르쳐주세요. 더불어 자기감정을 이해하고 표현하는 방법, 역사적 인물들의 삶에서 지혜를 배우는 방법도 알아볼 거랍니다. 이 같은 독서를 통해 아이들은 어떤 상황에서도 흔들리지 않는 단단한 마음을 키워나갈 수 있을 거예요.

# 시작:
새로운 일에
적극적으로 도전하기

아이들은 다들 모두 잘하고 싶어 합니다. 공부도, 독서도, 운동도, 친구 관계도 잘해내서 칭찬받고 싶어 하죠. 문제는 그것이 마음먹은 대로 되지 않는다는 것입니다. '어떻게 하면 잘할 수 있을까요?'라는 질문에 대한 답은 의외로 간단한데 말이에요. 그건 바로 '시작'하는 것이지요. 우리나라 속담에 '시작이 반이다'라는 말이 있잖아요? 서양 철학자 플라톤도 "시작이 가장 중요하다The beginning is the most important part of the work"라고 말했다고 하고요. 오래전부터 동서양을 막론하고 시작의 중요성을 강조해온 셈입니다. 하지만 아이들에게 '시작하기'란 너무 어렵습니다. 솔직히 어른들에게도 마찬가지 아닌가요?

시작이 어려운 이유는 완벽에 대한 강박 때문입니다. 많은 사람이 '일단 시작했으면 완벽해야 한다'는 생각에 시작할 엄두도 못내곤 합니다. 단언하건대, 새로운 것을 시작할 때 완벽할 필요는 없습니다. 지금 당장 가능한 것부터 차근차근 시작하면 되니까요. 그럼에도 너무 많은 사람이 '그냥 하면 된다'는 너무 쉽고도 당연한 진리를 잊고 살아가는 듯합니다.

활동❶ 도서관이나 서점 방문하기

아이에게 독서 취미를 만들어주고 싶다면 일단 집 근처 도서관이나 서점에 함께 가보세요. 그다음 아이가 직접 읽고 싶은 책을 고르게 해주세요. "마음이 가는 책을 찾아봐!" 하고요. "이 책 어떤 것 같아?" 하며 무턱대고 들이대는 것은 금물입니다. 최대한 아이가 읽고 싶어 하는 책을 스스로 집어 들게 하는 것이 좋습니다. 아무리 좋은 책이라도 보호자가 골라주는 것은 지양해주세요.

도서관이나 서점처럼 책으로 둘러싸인 곳은 아이에게 새로운 세상입니다. 새로운 세상에 적응하려면, 충분한 시간이 필요하겠죠? 처음에는 천천히 주변을 둘러보기만 해도 괜찮습니다. 곧 직접 책을 고르고, 펼쳐볼 테니까요. 아이는 낯선 책장을 둘러보며 성장하는 중이니 조급하게 마음먹지 마세요.

아이가 관심을 보이는 책이 있다면 표지와 제목을 천천히 훑어보고, 본격적으로 읽기 전에 어떤 인상인지 물어보세요.

- 이 책에는 어떤 이야기가 담겨 있을까?
- 제목을 왜 이렇게 붙였을까?

이런 질문들로 호기심을 자극하는 것이지요. 이때는 최대한 아이의 목소리에 귀를 기울여야 합니다. 그래야 능동적인 독서 태도를 이끌어 낼 수 있으니까요. 당연히 대답을 유도해서는 안 되겠지요?

아이가 읽고 싶은 책을 골랐다면 "멋진 선택이야! 어떤 부분이 네 마음을 끌었어?"하고 물어보세요. 이런 질문은 아이가 자기 선택을 돌아보며 책의 내용을 기대하게 하니까요. 보호자와 소통하는 과정에서 독서가 즐거운 일임을 자연스럽게 이해할 수도 있고요.

활동 ❷ 새로운 책 도전하기

많은 아이가 좋아하는 책에만 관심을 보이곤 합니다. 어떤 아이는 표지가 닳도록 한 권의 책만 읽기도 하고요. 솔직히 이것도 나쁘지는 않습니다. 좋아하는 책이 한 권도 없는 것보다는 훨씬 낫죠. 다만 때로는 책을 통해 아이가 접하지 못한 새로운 세상을 소개해주는 것도 좋습니다. 아이의 시각을 넓히는 데 도움이 되거든요. 『나는 [ ] 배웁니다』 (가브리엘레 레바글리아티 글, 와타나베 미치오 그림, 박나리 옮김, 책속물고기)를 예로 들어볼까요?

이 책의 주인공은 완벽주의에 억눌려 있지 않습니다. 아주 담담하게 '그냥 시작하는 태도'를 보여주지요. 혹시 지금 아이가 새로운 도전 앞에 망설이고 있나요? 그런 아이와 함께 이 책을 읽는다면 이렇게 말해 줄 수 있겠네요.

- 이 책의 주인공도 너처럼 처음 하는 일이 많아. 젓가락질도 처음이고, 자전거 타기도 처음이야. 주인공은 어떻게 새로운 것을 배우는지 한번 살펴볼까?

- 인간은 모두 매일 새로운 것을 배우며 자라나. 너도 작년에는 하지 못하던 일들을 지금은 잘하고 있지? 이 책으로 어떻게 새로운 것을 배우는지 살펴볼 수 있어.

- 누구나 처음에는 서툴러. 이 책의 주인공도 맨 처음에는 실수도 하고 힘들어했지만, 차근차근 배워가는 과정에서 즐거움을 느꼈대. 그러니 한번 도전해볼까?

이런 대화의 누적으로 독서에 대한 마음의 벽이 무너진다면, 아이 스스로 책을 펼쳐 들 용기를 내게 될 거예요.

활동❸ 30쪽 읽기 : 천 리 길도 한 걸음부터

제목이나 표지, 서두만 보고 책 전체를 판단한 경험 없으신가요? 아이들은 특히 더 그런 경향이 있습니다. 슬쩍 살펴본 첫인상만으로, 책을 펼칠지 말지 순식간에 판단을 끝내죠. 그러나 아이들에게 바로 호감을 사지 못하는 책 중에서도 양서가 많습니다. 이럴 때 '30쪽 읽기'를 활용해보세요. "이 책 재미없어 보여요. 안 읽을래요"라는 아이를 일단 존중해준 다음, '30쪽만 읽어보자'고 권유하는 것입니다.

"정말로 재미없을 수도 있지만, 영화도 지루해 보이는 포스터와는 달리 재미있을 때가 있잖아? 책도 그럴 수 있으니 딱 30쪽만 읽어보자. 그럼 이 책이 어떤 내용인지 알 수 있을 테니까. 그러고도 재미가 없으면 다른 책을 찾아보자. 어때?"

이 같은 규칙을 세우면 아이가 가벼운 마음으로 책을 다시 살펴볼 수도 있습니다. 30쪽을 읽는 동안에는 아래 질문으로 상상력을 자극해보세요.

- 주인공이 지금 어떤 기분일 것 같아?
- 다음에는 어떤 일이 일어날 것 같니?

30쪽을 읽고 나서도 아이가 전혀 흥미를 보이지 않는다면 억지로 끝까지 읽게 할 필요는 없습니다. 분명 아이에게 딱 맞는 다른 책이 있을 테니까요. 더불어 지금 당장은 재미없어하는 책도 몇 달 후 혹은 1년 후에는 아이에게 잘 맞는 책으로 변신할 수도 있으니, 지금은 그저 아이의 도전을 이렇게 칭찬해주세요.

"30쪽까지 잘 읽었네! 새로운 시도를 하다니 대단한걸?"

 실패:
실수에서 배우기

빈칸에 들어갈 단어는 무엇일까요?

- 가끔 (　　)하지 않는다면, 언제나 안이하게 산다는 증거다.

- 가치 있는 모든 것에는 언제나 (　　)의 위험이 따른다.

- 나는 (　　)할 때마다 성공을 향해 한 발자국씩 나아가고 있다고 생각한다.

　위 빈칸에 들어갈 정답은 바로 '실패'입니다. 에디슨, 아인슈타인, 링컨 등 역사적 인물의 삶에는 언제나 실패와 좌절이 있었죠. 그러나 이들은 실패에 굴하지 않고 끊임없이 도전한 끝에 결국 위대한 성공을 이뤄냈습니다. 실패를 성공의 밑거름으로 삼은 셈이죠. 전구 발명 과정에서 1,000번이 넘는 실패를 겪은 토머스 에디슨이 "나는 실패한 것이 아니

다. 단지 작동하지 않는 1,000가지 방법을 발견했을 뿐이다"라고 말한 것은 유명하죠?

이처럼 실패를 긍정적으로 바라보는 자세는 혁신과 발전의 원동력으로 작동합니다. '실패를 두려워하지 않으면 그 과정에서 하나씩 배울 수 있다'는 사실에 대한 이해는 아이의 내적인 성장과 발전에 매우 중요합니다. 아이가 실패 앞에서 좌절하는 대신, 그것을 배움의 기회로 삼도록 도와주세요.

『실패 도감』(오노 마사토 글, 고향옥 옮김, 길벗스쿨)은 실수투성이인 평범한 나와 달리 위인들의 삶에는 성공한 경험들만 가득할 것만 같지만, 실상은 그렇지 않다는 것을 알려주는 책입니다. 전 세계 위인들이 어떤 실패를 했으며 또 어떻게 극복했는지 보여줌으로써 실패를 디딤돌 삼아 성공으로 나아갈 수 있음을 일깨워주지요.

활동❶ 인물의 실패에 대해 이야기하기 : 고난과 극복

흥미로운 이야기에는 언제나 고난과 실패가 등장합니다. 아무 어려움 없이 쉽게 목표를 달성하는 이야기는 재미없을 것만 같지 않나요? 주인공이 조금씩 성장해나가며 고난에서 벗어나는 과정이 마음에 와닿지요. 이것이 바로 아무리 세대가 바뀌어도 위인전이 아이들 필독서에서 빠지지 않는 이유일 것입니다.

아이와 함께 『실패 도감』을 읽고 가장 기억에 남는 위인을 선택해보라고 한 다음, 그 위인의 실패에 관해 이야기해보세요.

- 라이트 형제는 어떤 실패를 겪었어? 왜 그런 실패를 겪었을까?
- 스티브 잡스는 다양한 히트 상품을 만들기까지 어떤 실패들을 겪었어?

이 책에 수록된 위인들은 살면서 다양한 실패를 겪었습니다. 원인은 아주 다양해요. 어떤 위인은 주변 사람들이 떠나갔고, 어떤 위인은 문제를 일으켜 퇴학을 당하기도 했지요. 노력이 다른 사람에게 인정받지 못한 사람도 많고요. 아이들과 위인의 삶 속 실패 요소를 직접 찾아본 뒤 이런 질문을 나눠보세요.

- 만약 라이트 형제가 실패한 것에 좌절해서 포기했다면, 비행기가 만들어질 수 있을까?
- 만약 실패를 두려워했다면, 스티브 잡스가 애플을 다시 일으킬 수 있었을까?

이런 대화 속에서 아이는 실패가 부정적인 것이 아니라, 성장과 발전의 기회가 될 수 있다는 것을 이해하게 될 것입니다.

활동 ❷ 나의 비슷한 경험 나누기

아이와 책 속 인물의 경험을 연결해보는 것도 좋은 방법입니다. 아이에게 실패라고 여겨지는 경험이 없는지 물어보세요. 책과 똑같은 경험을 찾아보라고 할 필요는 없습니다. 이 대화의 목적은 실패가 얼마든지 일어날 수 있는 지극히 자연스러운 일이라는 점을 일깨워주는 것이니까요. 때로는 실패의 극복 과정에서 성장할 수 있다는 점을 깨우쳐줄 수 있다면 더더욱 좋겠지요.

- 실수한 적이 있니? 그때 어떤 기분이었어?
- 그때 어떻게 대처했니? 지금 떠오르는 다른 대처 방법이 있을까?
- 실패 경험에서 너는 무엇을 배웠니? 그 경험에서 어떤 깨달음을 얻었을까?

보호자의 실패 경험을 공유해보는 것도 좋습니다.

- 나(보호자)도 어릴 때 낮은 시험 점수를 받은 적이 있어. 많이 속상했지만, 그 경험 덕분에 더 열심히 공부했단다.
- 자전거를 처음 탈 때 넘어지지 않는 사람은 없어. 나(보호자)도 여러 번 넘어졌지만, 포기하지 않고 계속 연습해서 결국 탈 수 있게 됐단다.

보호자도 실패를 경험한다는 사실을 깨달으면, 실패가 자연스러운 일이라는 점을 이해하기 한결 쉬워지겠지요. 더불어 보호자의 실패 극복기를 들으며, '나라면 어떻게 좌절을 극복할까?' 아이 스스로 생각해볼 수 있다면 금상첨화일 것입니다.

활동❸ 실패 일기 쓰기

책 속 인물이 되어 가상 일기를 써보라는 것도 좋은 활동입니다. 『실패 도감』을 읽은 뒤라면 중요한 일에 실패한 위인이 그날 사람이 어떤 감정을 느꼈을지와 그 실패로부터 무엇을 배웠을지 상상해보게 할 수 있겠네요. 아이 자신의 실패 일기를 작성해보게끔 하는 것도 좋지요. 실패 일기를 써보며 객관적으로 자기 경험을 바라보게 될 테니까요. 오늘의 실수나 실패에 이어 그로부터 배운 점과 앞으로의 계획을 일기 형식으로 써보게 하세요.

오늘의 실패 일기

2025년 3월 10일

1. 오늘 있었던 일

수학 시험에서 60점을 받았다.

2. 내가 느낀 감정

너무 실망했고 창피했다.

3. 내가 알게 된 것

시험 전에 충분히 준비하지 않았다는 것을 깨달았다. 특히

분수 계산 부분을 제대로 이해하지 못했던 것 같다.

4. 앞으로의 계획

다음 시험에서는 더 잘하기 위해 매일 30분씩 수학 문제

를 풀어볼 것이다. 이해가 안 되는 부분은 꼭 선생님께 질

문하겠다.

 오늘의 실패 일기

년 월 일

1. 오늘 있었던 일

2. 내가 느낀 감정

3. 내가 알게 된 것

4. 앞으로의 계획

 **목표:**
나만의 목표 세우기

새 학년이 시작되면 아이들과 함께 세 가지 목표를 함께 세워 봅니다. 마음 목표, 습관 목표, 전문성 목표. 세 가지 목표를 하나씩 적어 보지요. 마음 목표는 감정 조절 방법, 어려움 극복 방법, 의사소통 능력 등 정서적 성장을 다룹니다. 습관 목표는 건강, 학습, 관계, 독서 등 일상 적인 생활 습관의 개선이 목적이고요. 전문성 목표는 특정 과목에 대한 학습 능력이나 나만의 특별한 능력 향상에 초점을 맞춥니다.

목표 설정이 왜 필요하냐고요? 목표 없이도 다들 잘 살아가지 않느냐 고요? 물론 목표가 없어도 살아갈 수는 있습니다. 하지만 목표가 있으 면 더 나은 삶을 살 수 있어요. 목표가 삶의 나침반이 돼주니까요. 어디 로 가고 있는지, 무엇을 향해 노력해야 하는지 알려주면서요. 목표 설정 은 미래를 위한 준비 이상의 의미가 있습니다. 현재의 삶을 더욱 충실하 게 만들어주는 도구랄까요.

그렇다면 어떻게 효과적으로 목표를 세우고 또 지속할 수 있을까요? 아이에게 필요한 다섯 가지 목표를 소개하는 『마음이 튼튼한 어린이가 되는 법』(구도 유이치 글, 사사키 카즈토 그림, 김보경 옮김, 개암나무)을 읽어보세요. 이 책에서는 단단한 나 만들기, 건강한 친구 관계 만들기, 공부 잘하기, 도전하고 성공하기, 일상 속 행복 찾기를 목표로 제시합니다. 아이와 함께 이 책을 읽으며 우리 아이만의 목표를 찾고, 이룰 수 있도록 도와주세요.

활동 ❶ 똑똑한 목표 세우기, SMART 목표

보호자: '올해는 이런 것을 이루고 싶다' 생각한 목표가 있니?

아이: 책을 작년보다 더 많이 읽고 싶어요.

보호자: 좋아, '책을 더 많이 읽고 싶다'는 목표에 맞춰 SMART 목표를 세워볼까?

SMART 목표란 큰 목표에 맞춰 구체적으로 무슨 일을 어떻게 해야 할지 정확히 알려주는 도구입니다. 두루뭉술한 목표는 어떻게 달성해야 할지 모호하기에 오히려 실천이 어렵잖아요? 아이가 '책 많이 읽기'라는 목표를 세웠다면, '잠들기 전 매주 두 권의 동화책을 소리 내 읽기'같이 구체적이고 측정 가능한 세부 목표를 세워야 합니다. 그래야 목표의 달성이 가능해지니까요.

SMART 목표 세우기	
Specific (구체적인)	정확히 무엇을 해야 하는지 표현할 수 있나요? 더 많은 책을 읽기 → 일주일에 한 번 도서관 방문하기
Measurable (측정 가능한)	목표를 구체적인 숫자로 표현할 수 있나요? 매일 독서하기 → 매일 최소 20쪽 이상 읽기
Achievable (달성 가능한)	아이의 수준을 고려한 목표인가요? 한 달에 책 10권 읽기 → 책 한 권을 충분히 읽고 대화하기
Realistic (현실적인)	아이가 목표 달성에 쓸 수 있는 충분한 시간이 확보됐나요? 아무 때나 → 매일 잠들기 전 30분 아이가 목표에 집중할 수 있는 공간을 마련했나요? 아무 데서나 → 침대 위에 누워서
Time-bound (기한이 있는)	목표 달성을 위한 구체적인 시간을 정했나요? 되는 대로 → 도서 반납일까지

활동 ❷ 목표 시각화하기

．．．．．．．．．．．．．．．．．．．．．．．．．．．

아이 스스로 야심차게 세운 계획이더라도, 학교와 학원 수업을 듣고 숙제에 쫓기다 보면 금세 뒷전이 되고 맙니다. 안 그래도 초등학생들은 시각화되지 않은 것에 몰입하기를 어려워하는데 말입니다. 눈에 잘 보이지 않는 목표에 장기간의 노력까지 필요하다면, 더욱 달성하기 힘들겠죠? 이때 목표를 눈에 보이는 형태로 만들어보세요. 아이들 스스로 자신의 노력을 살펴보는 것은 목표 달성에 큰 도움이 됩니다.

목표를 시각화하는 방법	
스티커 붙이기	목표를 달성할 때마다 작은 스티커를 붙이는 방법입니다. 초등학교 저학년 교실에서도 자주 사용하는 스티커판이 대표적인 예시지요. 포도송이 모양, 나무 모양 스티커판을 가득 채우면 계획된 보상을 받을 수 있습니다.
점수 채우기	목표 달성도를 점수로 환산하여 적습니다. 이 점수를 활용해 보상도 지급합니다. 칠판에 점수를 적거나, 회전식 숫자 표지판을 활용해 목표 달성에 따라 점수를 올리거나 내려도 됩니다.
애플리케이션 활용	스마트폰에는 목표 달성을 도와주는 다양한 애플리케이션이 있습니다. 매일 달성해야 하는 목표를 적고 실천한 다음 지울 수 있는 애플리케이션, 집중 시간을 기록할 수 있는 애플리케이션, 특정 시간 동안 스마트폰 사용을 금지하는 애플리케이션이 대표적인 예입니다.

40가지 키워드로 읽는 주제별 독서 활동

'목표 시각화하기'는 지속력이라는 강력한 힘을 가지고 있으나, 어떤 노력을 얼마나 했으며 얼만큼 성장했는지 직접적으로 확인할 수 없다는 단점이 있습니다. 이런 부분이 아쉽다면 '노력 통장'을 활용해보세요. 노력 통장은 목표 달성을 위해 오늘 무엇을 했는지 기록해보는 활동이지요.

기록에서 가장 중요한 것은 꾸준함이니 매일 조금씩이라도 기록하게 해보세요. 그래야 습관이 들거든요. 만약 아이가 노력 통장에 기록하기를 어려워한다면 아래처럼 대화로 생각을 정리할 수도 있습니다.

보호자: 목표인 '일상에서 행복해지기'의 달성을 위해 어떤 노력을 했니?

아이: 『마음이 튼튼한 어린이가 되는 법』에서는 함께할 때 더 행복해질 수 있다고 말했거든요. 그래서 오늘 친구에게 먼저 다가가 말을 걸어봤어요.

보호자: 와, 꾸준히 노력하는 모습이 참 보기 좋다. 어떤 생각이 들었어?

아이: 먼저 다가갔을 때, 친구가 웃어줘서 기분이 좋아졌어요.

다음은 독서 기록으로 활용한 노력 통장의 예시입니다. 책을 읽은 뒤 아이가 직접 노력 통장을 써보게 하세요.

독서 노력 통장

2025년 8월 13일

1. 오늘 무엇을 했나요?

「마음이 튼튼한 어린이가 되는 법」을 읽었다.

2. 가장 기억에 남는 것은 무엇인가요?

'지금 이 순간, 최선을 다해요'라는

문장이 기억에 남는다.

3. 어떤 생각을 했나요? 무엇을 알게 되었나요?

'최선을 다했는데도 실패하면 어떡하지?'라는 생각을

했다.

독서 노력 통장

년 월 일
_____

1. 오늘 무엇을 했나요?

_____

2. 가장 기억에 남는 것은 무엇인가요?

_____

_____

_____

3. 어떤 생각을 했나요? 무엇을 알게 되었나요?

_____

_____

_____

 # 단점:
있는 그대로의 나를 사랑하기

아이에게 자신감을 가지라고 잔소리하거나, 빨리 대답하라고 다그친 적 없으신가요? 많은 어른이 조용하거나 내성적인 성격을 단점으로 여기곤 합니다. 그런데 이런 성격이 정말 반드시 고쳐야만 하는 단점일까요?

모든 아이는 고유한 특성을 가지고 태어납니다. 같은 핏줄이라도 첫째는 활발하고 외향적이지만, 둘째는 조용하고 내성적일 수 있죠. 생각나는 대로 말하는 아이가 있는가 하면, 오랫동안 고민하고 말하는 아이도 있고요. 이 같은 다양성은 인간 세상을 발전시키는 원동력이지만, 어른들은 자기 마음에 들지 않는 특성을 때때로 '단점'으로 치부해버립니다. 이 같은 보호자의 태도는 아이의 자아 형성에 큰 영향을 미치지요.

스스로도 마음에 차지 않는 부분이 있지만, 그것을 인정하고 받아들일 줄 아는 아이는 자신감 있고 탄력적인 성인으로 성장할 가능성이 높습니다. 반면, 자기 특성을 단점으로 인식해버린 아이는 자존감이 낮을 뿐만 아니라 새로운 도전을 두려워할 수도 있습니다. 이런 아이들은 현실의 자기 자신을 부정하고, '내 마음대로 내 모습을 만들 수 있다면 얼마나 좋을까' 상상하기도 하죠. 『내 멋대로 나 뽑기』(최은옥 글, 김무연 그림, 주니어김영사)의 주인공 민주처럼 말입니다.

자기 자신에게 만족하지 못하고 다른 친구들의 장점을 부러워하는 민주는 그림을 잘 그리는 친구, 얼굴이 예쁜 친구, 춤 잘 추는 친구로 각각 변신해본 뒤 결국 스스로의 본모습이 가장 소중하다는 것을 깨닫습니다. 이 책은 '완벽한 나를 추구'하는 것보다 '진짜 나를 사랑'하는 것이 더 중요하다는 사실을 일깨워주지요.

활동 ❶ 책 속 인물의 '단점' 찾아보기

아이와 책을 읽을 때 주인공의 단점을 한번 찾아보세요. 『내 멋대로 나 뽑기』를 읽은 후라면 스스로 생각하는 단점이 인생에 어떤 의미가 있는지 생각해보게 만드는 아래와 같은 질문이 가능하겠네요.

- 민주는 스스로 어떤 점을 단점이라고 생각했지?
- 민주가 다른 친구들의 모습으로 변하자 어떤 문제가 생겼니?
- 자기 모습 그대로였다면, 민주는 어떤 경험을 하지 못했을까?
- 민주의 고민이 없었다면 이야기가 어떻게 달라졌을까?

매력적인 이야기 속 주인공들은 대부분 인간적인 결점을 지니고 있습니다. 좋은 이야기에서는 이 같은 단점이 더욱 흥미로운 전개를 이끄는 요소로 활용되곤 하지요. 등장인물을 오히려 더 매력적이고, 인간적인 존재로 느끼게 한달까요?

모든 사람에게는 부족한 면이 있습니다. 완벽하지 못한 스스로를 괴롭히는 일에는 아무런 장점도 없지요. 부디 무리한 요구로 아이와 스스로를 괴롭히지 마세요.

활동 ❷ 공감 주고받기
· · · · · · · · · · · · · · · · · · · ·

혹시 등장인물과 비슷한 고민을 해본 적은 없는지 물어보세요. 이런 질문에 대답하면서 아이가 지금의 고민을 자연스럽게 표현할 수도 있으니까요.

- 너도 민주처럼 다른 친구들의 모습이 되고 싶다고 생각해본 적 있니?
- 그런 생각이 들 때 기분이 어땠어?

아이의 고민에 공감하며 보호자의 비슷한 경험을 밝히는 것도 좋습니다. 이런 이야기를 들으면서 아이가 위로받을 수도 있으니까요.

- 나(보호자)도 어릴 때 민주 같은 바람이 있었어. 키가 크고 싶었거든.

민주의 성장에 대한 질문도 던져보는 것도 좋습니다. 인물이 성장하는 과정을 관찰함으로써 아이가 '나는 어떻게 행동하면 좋을까'에 대한 답을 얻을 수도 있으니까요.

- 민주는 어떻게 자기 모습을 받아들일 수 있었을까?
- 있는 그대로의 내 모습을 받아들이는 용기를 가지려면 어떻게 해야 할까?

위 질문에는 어떤 답을 얻을 수 있을까요? '다른 사람의 모습을 부러워하는 대신 내가 잘하는 것을 찾아보자'라거나 '나만의 특별한 점을 하나씩 적어보자' 같은 답을 써볼 수 있겠네요. 아이와 대화하며 '매일 거울 앞에 서서 스스로를 짧게 칭찬하기' 등 구체적인 실천 방법도 찾아보세요.

활동 ❸ 이 책은 누구에게 도움이 될까요?

『내 멋대로 나 뽑기』의 주인공인 민주처럼, 자기 모습이 바뀌었으면 하고 바라는 아이들을 종종 만날 수 있습니다. 이런 친구들에게는 백 마디 말보다 이 책 한 권의 추천이 더 큰 힘을 발휘하겠지요. 자신과 같은 고민을 극복해나가는 민주의 모습을 통해 스스로를 돌아볼 수 있을 테니까요. 아이에게 아래 질문들을 던지며 주변 친구들에게 책을 추천하라고 권해보세요.

- 『내 멋대로 나 뽑기』의 어떤 부분이 가장 인상 깊었어?
- 이 책을 읽으면서 어떤 도움을 받았어?
- 민주처럼 자기 모습에 만족하지 못하는 친구가 있을까?
- 친구들에게 이 책을 추천하고 싶은 이유는 뭐야?

　책을 추천하는 과정에서 아이는 더 깊이 있게 내용을 이해하고, 다른 사람의 관점에서 생각해보게 될 것입니다. '책 추천'은 얼핏 친구를 위한 활동 같지만, 실제로는 추천하는 아이 본인이 가장 많이 성장하거든요. 책을 추천하는 과정에서 인상 깊은 부분을 다시 한번 짚고, 집필 의도까지 짐작해보며 더 깊이 있게 내용을 이해하게 되기 때문이죠. 또한 자신만의 기준으로 책이 스스로에게 도움이 된 부분을 한 번 더 생각해보게 되고요. 주변 사람들을 살펴보고, 각각의 어려움을 발견하며 공감 능력이 향상될 수도 있겠죠? 무엇보다 '모두 각자의 고민을 안고 살아가는구나' 깨달으며 정서적 안정감을 얻을 수 있겠지요.

# 강점:
아이 안의 숨겨진 보물

　　"넌 잘하는 게 뭐야?"라는 질문에 많은 아이가 "모르겠어요"라고 대답합니다. 이런 대답을 들으면 마음이 답답해지곤 해요. '나도 어릴 때 이랬을까?' 하는 생각도 들고요. 도대체 아이들은 왜 스스로의 강점을 잘 모르겠다고 하는 걸까요? 짐작건대, 가장 큰 이유는 비교 대상이 외부에 있기 때문입니다. 글쓰기는 글짓기 대회에서 수상한 친구보다 못하고, 수학은 경시대회에서 1등 한 친구보다 못한다고 생각하는 것이지요. 운동은 교내 체육대회에서 메달을 휩쓴 친구보다 못하고요.

　　많은 아이가 다른 사람과의 끝없는 비교 끝에 '나는 잘하는 게 하나도 없어'라는 결론을 내리고 맙니다. 하지만 진짜 강점은 타인과의 비교가 아니라 스스로의 과거에서 발견하는 것입니다. 어제보다 조금이라도 발전했다면 그것이 바로 아이의 강점이지요. 어제 풀지 못했던 문제의 답을 오늘 스스로 찾아냈다면, 어제보다 성장한 셈이잖아요? 더불어 아주 작더라도 다른 사람에게 도움을 주었다면 그것 역시 강점의 기반이라고 볼 수 있습니다. 이를테면 동생의 숙제를 도와줬다거나요. 이처럼 소소한 성장과 기여가 모여 아이의 강점이 되는 것이지요.

『잘못 뽑은 반장』(이은재 글, 서영경 그림, 주니어김영사)은 주인공 로운이가 반장이 된 후 스스로의 강점을 발견하고 학급에 기여하며 성장해나가는 모습을 잘 보여주는 이야기입니다. 수업 시간에 장난치며 친구들을 놀려대던 말썽쟁이 로운이는 우연히 반장이 된 후, 친구들의 이야기에 귀 기울이고, 학급의 문제를 해결하기 위해 노력하면서 책임감 있는 리더로 성장해나갑니다. 로운이의 이야기는 누구나 성장할 수 있는 가능성을 품고 있다는 희망적인 메시지를 전하지요.

활동 ❶ 인물의 성장과 기여 살펴보기

아이와 함께 중요한 사건이 벌어지기 전후, 등장인물의 모습을 비교해보세요. 책 속 등장인물의 성장하는 모습을 살펴보며 아이도 함께 성장할 수 있으니까요. 갑자기 반장이 된 말썽쟁이 로운이가 주인공인 『잘못 뽑은 반장』을 예로 들면, 아래와 같은 질문을 던질 수 있겠지요?

- 로운이가 처음에는 어떻게 행동했어?
- 반장이 된 후에 로운이가 어떻게 변했는지 이야기해줄 수 있니? 어떤 점이 달

라졌어?

- 로운이가 왜 그렇게 변했을까? 무엇이 로운이를 변하게 만들었을까?

로운이의 변화는 아이에게 작은 계기로도 크게 성장할 수 있다는 사실을 깨우쳐줍니다. 이런 대화로 로운이의 성장을 상세히 알아보고, 성장의 의미도 함께 찾아볼 수 있겠지요.

- 반장 당선 이후 로운이가 친구들을 위해 어떤 일을 했지?
- 반장으로서 로운이는 위험에 처한 친구들을 어떻게 도와주었어?

반장이 된 로운이는 배탈 난 친구를 위해 우유를 대신 마셔주기도 하고, 괴롭힘당하는 친구를 구해주기도 합니다. 싸운 친구에게 먼저 화해를 제안하는, 진정한 리더의 모습까지 보이지요. 이런 반장의 모습에 로운이네 반 아이들도 함께 성장해나가고요. 반장과 함께 성장하는 로운이네 반 아이들을 보며 아이는 스스로 성장함으로써 다른 사람에게 도움을 줄 수 있다는 사실을 깨닫게 될 거예요.

활동 ❷ 나만의 무기 만들어보기
· ·

말썽꾸러기 로운이는 반장이 된 후 친구들의 생각을 읽고, 문제를 해결하려고 노력하는 모습을 보입니다. 달라진 태도는 로운이만의 특별한 무기가 되었죠. 여기서 '무기'란 자신이 특별히 잘하는 것, 다른 사람에게 도움을 줄 수 있는 능력을 가리킵니다. 독서 후 대화를 통해 아이만의 '무기'가 무엇일지 함께 찾아보세요.

- 잘하고 싶은 것이 있니? 수학? 글쓰기? 그림 그리기? 축구? 무엇이든 괜찮으니까 이야기해봐.
- 그걸 잘하게 되면 어떤 점이 좋을 것 같아?
- 그 능력을 키우기 위해 어떤 노력을 해볼 수 있을까?

아이가 잘하고 싶은 것이 무엇인지 찾았다면, 목표 달성 이후의 긍정적인 미래를 구체적으로 상상해보게끔 함으로써 동기를 부여해줄 수도 있겠지요.

"수학을 잘하게 되면 좋은 성적을 거두고, 친구들이 어려워하는 수학 문제를 도와줄 수 있어요", "그림을 잘 그리게 되면 학교 작품 전시회에도 내가 그린 작품이 걸릴 수 있어요".

구체적인 모습을 그려보면 아이들도 더욱 의지를 다질 수 있습니다. 이어서 구체적인 실천 방법도 함께 고민해주세요. 아이가 글쓰기를 잘하고 싶어 한다면 매일 일기 쓰기를 추천할 수 있습니다. 수학을 잘하고 싶어 한다면 매일 문제 다섯 개씩 풀기 등의 계획을 세우게끔 도와줄 수 있지요.

아이가 스스로 잘하고 싶다고 말한 분야에 꾸준히 도전하도록 응원해주세요. 중요한 것은 시작하자마자 좌절하지 않도록 작은 목표부터 시작하는 것입니다. 매일 한 문제씩 푸는 것부터 시작해서 문제 개수를 점차 늘려가는 식으로요. 이런 작은 노력이 쌓이며 목표에 가까워진다는 사실을 깨닫는다면, 아이는 '성장형 사고방식'과 함께 자존감과 자신감을 덤으로 얻을 수 있겠지요.

활동 ❸ 책 활용하기 – 나에게 필요한 책은?

아이의 강점을 발견하고, 성장시키는 데 책만큼 친절하고 똑똑한 친구가 있을까요? 아이는 책을 읽으며 자기 자신의 가능성을 발견하고, 구체적인 성장 방법도 배워나갈 수 있으니까요. 그렇다면 어떻게 책을 활용해야 할까요. 아래와 같은 질문을 던져보는 것을 추천합니다.

- 네가 관심 있어 하는 분야의 책을 찾아볼까? 어떤 책이 도움이 될 것 같아?
- 이 책에서 배운 내용을 어떻게 활용해볼 수 있을까?

먼저 아이의 관심사 또는 발전시키고 싶어 하는 능력에 맞는 책을 함께 찾아봐야겠지요. 지금 우리 아이에게 필요한 책, 아이와 비슷한 고민을 해본 사람이 집필한 책이 분명히 어딘가에 있거든요. 그다음에는 책 내용을 실생활에 적용할 방법을 고민해봐야겠지요. 아이가 요리에 관심을 보여 요리책을 읽었다면, 온 가족이 함께 맛있는 요리를 만들어볼 수 있겠네요. 과학에 흥미를 보여 실험 책을 읽었다면, 직접 실험을 해봐야겠죠? 운동 책을 읽었다면 책 속의 동작들을 따라 해봐야겠고요. 이처럼 읽은 책의 내용을 실천해봄으로써 아이만의 강점을 키워갈 수 있습니다.

강점을 찾는 것도, 키워가는 것도 하루아침에 끝나지는 않습니다. 꾸준한 관심과 격려, 그리고 함께하려는 보호자의 노력이 필요합니다. 아이와 함께 책을 읽고, 대화하고, 도전해나가는 과정에서 아이는 1센티미터씩 성장할 거예요.

# 연결:
책 속 지혜 활용하기

『논어』「위정편」'제15장'에는 '학이불사즉망, 사이불학즉태^學而不思則罔 思而不學則殆'라는 말이 나옵니다. "배우기만 하고 생각하지 않으면 얻는 것이 없고, 생각만 하고 배우지 않으면 위험하다"는 뜻이지요. 이 문장은 배움과 사고의 균형, 그것을 실제 삶에 적용하는 것의 중요성을 일깨워줍니다. 책을 읽을 때도 마찬가지입니다. 책을 읽는 데서 그치지 말고 그 속의 지혜를 어떻게 삶에서 써먹을 수 있을지 고민해야 합니다.

책에서 얻은 지혜를 실제 삶에 적용하려면 책과 나를 연결 짓는 활동을 해보는 것이 도움이 됩니다. 연결 활동으로 책에서 지식뿐이 아니라, 삶의 지혜와 마음 성장에 필요한 도구까지 얻을 수 있다는 점을 아이가 깨닫도록 해주세요. 이 과정에서 끊임없이 성장하고 발전하는 습관도 기를 수 있을 테니까요. 그렇다면 어떻게 해야 책과 나를 연결 지을 수 있을까요?

책에서 중요한 장면 또는 사건을 선택하고, 해당 상황에서 주인공이 어떤 감정을 느꼈을지 상상해볼 수 있는 질문을 던져보세요. 우연한 계기로 양계장에서 나와 자유의 몸이 된 암탉 잎싹이의 이야기를 다룬 『마당을 나온 암탉』(황선미 글, 김환영 그림, 사계절)을 예로 들어보겠습니다.

- 잎싹이가 처음 세상을 봤을 때 어떤 기분이었을까?
- 잎싹이가 원하는 바를 이루었을 때 어떤 생각을 가졌을까?
- 잎싹이를 바라보는 다른 동물들은 어떤 생각을 했을까?

이런 대화를 바탕으로, 아이에게 잎싹이 입장에서 일기를 써보라고 해보세요. 아이가 책 속 등장인물의 입장으로 생각해보게끔 하는 것입니다. 책 속의 등장인물을 통해 본인이 성장해야 할 부분을 발견하거나 반성의 기회를 모색할 수 있게 해주는 셈이지요.

닭장 속은 정말 너무 답답해. 저 바깥은 어떤 곳일까? 얼마나 멋진 곳일까? 닭장 밖으로 보이는 풍경은 내가 생각하는 것보다 훨씬 더 커 보이는 것 같아. 주변에 있는 다른 닭들은 나와 생각이 다른 것 같아. 하지만 나는 하늘을 꼭 날아보고 싶어. 그게 내 꿈이니까.

일기를 써본 아이는 잎싹이의 마음을 더 깊이 이해할 수 있겠지요. 주인공의 감정과 생각을 자신의 말로 표현해보면서, 비슷한 감정을 느꼈던 경험이 있다면 떠올리게 되기도 할 테고요. 또는 '비슷한 상황이라면 나는 어떻게 행동해야 할까?' 고민해볼 수 있습니다. 잎싹이 입장에서 '나는 하늘을 꼭 날아보고 싶어'라고 써본 아이라면, 비슷한 상황에서 용기를 낼 수 있지 않을까요?

활동 ❷ 나와 주인공 비교하기

연결 활동에는 '벤 다이어그램'을 활용할 수 있습니다. 간단하지만 다양한 곳에서 활용 가능한 도구지요? 벤 다이어그램은 두 개의 원을 겹친 뒤 왼쪽 원에는 한 대상만의 특징을, 오른쪽 원에는 다른 대상만의 특징을, 가운데에는 공통점을 적는 도구입니다. 두 대상의 공통점과 차이점을 직관적으로 표현할 수 있죠.

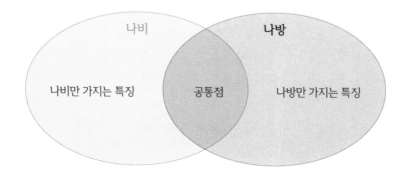

책을 읽고 난 뒤에는 아이와 주인공의 공통점 및 차이점을 알아보는 도구로 활용할 수 있습니다. 아이에게 이런 질문을 던져보세요.

- 책을 읽으면서 주인공과 나 사이에 어떤 공통점을 발견했어?
- 차이점으로는 어떤 것이 있을까?

『마당을 나온 암탉』을 읽은 뒤라면 왼쪽 원에는 '잎싹'이라고 쓰고, 그 아래에 '새로운 도전을 위해 앞으로 나아감' 같은 잎싹만의 특징을 써볼 수 있겠지요. 오른쪽 원에는 '나'라고 쓰고 그 아래에 '새로운 도전에 망설임' 같은 아이만의 특징을 써보게 하세요. 가운데에는 '간절히 바라는 것이 있음'처럼 아이와 주인공 사이의 공통점을 적어보게 하고요.

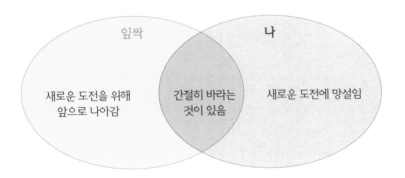

주인공과의 비교로 아이 스스로 강점과 개선이 필요한 부분을 발견하게 된다면, "잎싹이처럼 나도 더 용기 있는 사람이 되고 싶어" 같은 구체적인 목표를 세우는 데도 도움이 되겠지요?

주인공과 편지를 주고받게 해봐도 좋습니다. 먼저 주인공이 아이에게 보내는 편지를 살펴볼까요?

> 안녕? 나는 꿈을 위해 안전한 마당을 떠나 많은 모험을 했어. 때로는 무섭고 힘들었지만, 포기하지 않았기 때문에 원하는 것을 이룰 수 있었어. 너도 꿈이 있다면 절대 포기하지 마. 어려움이 있더라도 계속 도전한다면, 반드시 이룰 수 있을 거야. 너의 꿈을 응원할게!

이처럼 편지를 써본 아이는 잎싹이가 겪은 어려움과 극복 과정에서 느낀 점을 더 깊이 있게 이해할 수 있겠지요. 이어서 아이가 주인공에게 쓰는 편지를 살펴봅시다.

> 안녕? 나는 도전하는 너의 모습이 정말 대단하다고 생각해. 나는 가끔 어려운 일 앞에서 포기하고 싶을 때가 있는데, 네 모습에서 큰 용기를 얻었어. 고마워.

주인공에게 편지를 쓰면서 아이는 책의 내용과 스스로의 경험을 연결해볼 수 있습니다. 자신의 경험과 감정을 자연스럽게 표현하면서, 주인공을 보고 깨달은 교훈을 정리할 수도 있고요.

감정:
나를 이해하고 표현하는 힘

AI와 인간의 가장 큰 차이점은 무엇일까요? 사람마다 의견이 다양하겠지만, 많은 사람이 '감정의 유무有無'를 꼽지 않을까 싶습니다. AI는 오직 데이터 기반으로 학습하고 판단하지만, 인간은 세상을 경험하고 판단하는 데 감정을 적극적으로 활용하니까요.

감정은 인간이 상황에 맞춰 행동할 수 있도록 여러모로 도와줍니다. 이를테면 두려움은 위험을 피하게 도와주고 슬픔은 공감과 위로를 이끌어내지요. 더불어 많은 사람이 '직감'이라고 불리는 감정적 판단을 통해 빠르고 효과적인 의사결정을 내리곤 하지요. 감정은 또한 다른 사람과의 관계를 형성하고 유지하는 데도 중요한 역할을 합니다. 인간이 사회적 존재가 될 수 있었던 까닭은 공감, 사랑, 연민 같은 감정들 덕분이잖아요?

40가지 키워드로 읽는 주제별 독서 활동

감정을 적절하게 표현하고, 관리하는 능력은 매우 중요합니다. 대인관계뿐 아니라 신체적·정신적 건강에도 큰 영향을 미치니까요. 아주 어릴 때부터 감정을 표현하고 조절하는 방법을 알려줄 필요가 있는 까닭이지요. 하지만 많은 아이가 자기감정을 말로 표현하기 어려워합니다. 이런 아이들에게 감정 목록표를 제시해보세요.

감정 목록표란 인간이 느끼는 있는 다양한 감정을 한눈에 볼 수 있게끔 정리한 표입니다. '불안하다', '설레다', '속상하다'같이 일상적으로 자주 느끼는 감정부터 '억울하다', '서운하다', '든든하다'같이 조금 더 섬세한 감정까지 다양하게 포함되어 있습니다.

감정 목록표				
불안하다	답답하다	미안하다	귀찮다	자신 있다
설레다	걱정스럽다	지루하다	행복하다	감동받다
속상하다	자랑스럽다	궁금하다	화나다	힘들다
부끄럽다	짜증나다	기쁘다	슬프다	놀라다
신나다	외롭다	긴장된다	고맙다	억울하다
멋지다	재미있다	무섭다	당황하다	피곤하다
뿌듯하다	믿다	아쉽다	기대된다	편안하다
창피하다	즐겁다	후회된다	서운하다	든든하다

아이들은 이 표를 보며 자기감정과 가장 가까운 단어를 고르며 감정을 객관화할 수 있습니다. 자기감정을 객관적으로 바라볼 줄 아는 아이는 자기중심적 사고에서도 벗어날 수 있지요.

자기감정을 표현하는 능력을 키우는 데는 이야기 속의 등장인물이 돼보는 활동도 도움이 됩니다. 다른 사람에게 이입해 감정에 대해 한 번더 고민해봄으로써 타인에 대한 이해력까지 기른달까요? 지금부터『만복이네 떡집』(김리리 글, 이승현 그림, 비룡소)을 통해 아이들의 감정 표현·조절 능력을 발달시키는 법을 알아보겠습니다.

화나면 욕하고, 마음에 들지 않으면 심술을 부리며, 친구들과 자주 다투는 만복이는 하루도 조용할 날이 없습니다. 그러던 어느 날, 만복이네반에 은지라는 여자아이가 전학을 오지요. 만복이는 다정하게 인사를 건네고 싶었지만 실수로 은지의 기분을 나쁘게 만들고 말아요. 이런 상황에 대해 아이와 대화해보세요.

보호자: 만복이 때문에 은지는 어떤 기분이 들었을까? 은지 입장에서 감정을 표현해볼까?

아이: 나빴을 것 같아요.

보호자: 감정 목록표에서 감정을 선택해볼래?

아이: 음……. 화나고, 슬펐을 것 같아요.

보호자: 만복이는 어떤 감정이었을까?

아이: 자신도 모르게 그런 말이 나왔으니 억울하면서도 당황스러웠을 것 같아요.

이런 대화를 통해 아이는 타인의 감정을 존중하는 태도가 중요하다는 사실을 이해하게 되겠지요. 때때로 잘못된 방식으로 감정을 표현하는 사람이 존재한다는 사실도 자연스럽게 알게 되고요.

활동 ❷ 인물의 말과 행동 평가하기

등장인물의 말과 행동을 평가해보는 것은 감정 표현의 적절성을 학습하는 좋은 도구입니다. 우리의 감정은 말과 행동으로 표현되니까요. 특히 만복이처럼 감정 조절에 서툰 등장인물을 평가해봄으로써 아이는 스스로 자기 모습을 돌아보고 더 나은 표현 방법을 배울 수 있지요. 그러려면 평가 기준이 있어야겠지요? 일단 만복이의 행동을 아래 기준으로 평가해봅시다.

- 다른 사람을 배려하는 말과 행동인가요?
- 자신의 진짜 마음을 잘 표현했나요?
- 문제 상황을 해결하는 데 도움이 되었나요?
- 말과 행동이 더 나쁜 결과를 가져오지는 않았나요?

만복이가 친구들을 향해 던지는 말을 아이는 어떻게 생각할까요? 위 평가 기준 수립에 이어 아래처럼 질문하며 아이에게 '내가 이야기 속 등장인물이었다면 어떤 선택을 했을까?' 고민해보게 도와주세요.

- 만복이의 행동이 바람직하다고 생각하니?
- 내가 만복이라면 어떻게 말하고 행동했을까?

질문에 답하면서, 아이는 같은 상황에서도 다양한 선택지가 있다는 사실을 알아갈 수 있습니다. 이 사실을 깨달은 아이는 만복이와 비슷한 상황에 처하더라도 현명한 선택을 할 수 있겠지요?

활동 ❸ 인물과 비슷한 상황 떠올려보기

등장인물의 말과 행동을 평가했다면 이제는 스스로에게 적용해볼 차례입니다. 아이가 등장인물과 본인의 경험을 비교해보도록 아래 질문을 던져보세요.

- 너도 만복이처럼 주변 사람에게 상처 주는 말과 행동을 실수로 한 적이 있어?

인물의 경험과 비슷한 나의 경험을 육하원칙(누가, 언제, 어디서, 무엇을, 어떻게, 왜)에 따라 표현해보게끔 하는 것도 좋습니다. 아이는 육하원칙에 따라 경험을 정리하면서 스스로를 되돌아보고, 스스로의 행동이 적절했는지와 어떤 점을 개선할 수 있을지 고민해볼 수 있습니다.

육하원칙에 따라 내 경험 정리해보기

1. 누가

친구와 나

2. 언제

지난 주

3. 어디서

교실

4. 무엇을

내가 아끼는 샤프, 친구의 필통

5. 어떻게

친구에게 화를 내면서,

친구의 필통을 친구에게 집어던졌다.

6. 왜

내가 정말 아끼는 샤프를 친구가 잃어버렸기 때문에

육하원칙에 따라 내 경험 정리해보기

1. 누가

_____

2. 언제

_____

3. 어디서

_____

4. 무엇을

_____

5. 어떻게

_____

_____

6. 왜

_____

역사적 인물:
내 삶의 나침반 찾기

　　2024년 한국 갤럽의 '한국인이 가장 존경하는 역사 인물' 조사에서 1위를 차지한 인물이 누구인지 아시나요? 바로 이순신 장군이랍니다. 이순신 장군은 임진왜란이라는 국가적 위기 상황에서 뛰어난 리더십과 전략으로 나라를 구했지요. 인생에 정답은 없지만, 이순신 같은 위인의 삶을 통해 삶의 방향성을 찾을 수 있습니다. 어려운 상황에서 어떻게 대처해야 할지, 어떤 가치관을 가지고 살아야 할지에 대한 통찰을 얻을 수 있달까요?

　　사실 역사 자격증 시험을 준비하는 것이 아니라면 초등학생 때부터 의도적으로 역사 지식을 외울 필요는 전혀 없습니다. 대신 과거 인물의 입장에서 고민해보는 시간을 갖는 것을 추천합니다. 아이는 역사적 인물의 삶과 선택을 들여다보며, 거기서 얻은 지식과 지혜를 자신의 삶에 적용해볼 수 있습니다.

이순신 장군은 애국심, 리더십, 용기, 전략적 사고와 뛰어난 리더십을 통해 23전 23승을 거두었습니다. 이 전투의 과정을 생생하게 들려주는 『어린이를 위한 이순신의 바다』(황현필 원작, 윤희진 글, 최민준 그림, 위즈덤하우스)는 각 해전의 전개 과정을 이해하기 쉬운 이야기와 상세한 삽화로 보여주며 당시 상황을 실감 나게 전달하지요. 각 전투에서 이순신 장군이 어떤 판단을 내렸는지, 판단의 이유는 무엇이었는지를 자세히 설명하여 아이가 깊이 있게 생각해볼 수 있도록 도와요.

아이에게 이순신 장군의 삶을 한 편의 영화라고 생각하고, 그 영화에서 가장 인상 깊은 한 장면을 고르라고 해보세요. 아이는 어떤 장면을 선택할까요? 아이는 인상 깊은 행동과 말을 고민해봄으로써 역사의 한 장면을 깊이 인식할 수 있게 됩니다. 하필이면 왜 그 말과 행동이 기억에 남았는지 스스로의 가치관과 연결 지어 생각해볼 수도 있겠네요.

보호자: 이순신 장군 이야기에서 가장 기억에 남는 장면이 있니?

아이: 명량해전이요! 12척의 배로 330척을 이겼잖아요.

보호자: 그 장면이 특별히 기억에 남는 이유가 있어?

아이: 보통은 숫자가 적으면 도망갈 텐데, 이순신 장군은 오히려 맞서 싸웠잖아요. 그 상황에서 이길 수 있다고 믿었던 것도 정말 대단해요.

보호자: 그래서 이순신 장군한테서 어떤 걸 배우고 싶어?

아이: 어려워 보여도 포기하지 않는 자세요. 그리고 자신을 믿는 힘이요!

　　최고의 장면을 뽑은 다음에는, 아이에게 '위인과 나'를 연결해보라고 하세요. 한 번은 위인의 입장에서 생각해보고, 반대로 내 입장에 위인을 대입해보는 것이지요. 위인의 삶을 더 깊이 이해하고, 나의 삶에 적용하기 위한 활동이라고 할 수 있습니다.

　먼저 역사적 상황 속에 나를 대입해보는 '내가 위인이라면' 활동을 통해 위인의 상황을 조금 더 깊이 있게 들여다보게 해주세요. 이 과정에서 위인의 선택을 살펴보며 그의 가치관을 들여다볼 수 있습니다.

　　보호자: 만약 네가 이순신 장군이라면, 그 상황에서 어떻게 했을 것 같아?

　　아이: 저는 아마 도망갔을 것 같아요. 너무 무서웠을 것 같거든요.

　　보호자:그래, 그럴 수 있어. 근데 이순신 장군은 왜 도망가지 않았을까?

　　아이: 자기가 도망가면 나라가 위험해질 거라는 걸 알았던 것 같아요. 책임감이 정말 강했나 봐요.

　현재 아이의 문제 상황에 위인을 대입해보는 '인물이 나라면' 활동에서 기대할 만한 효과는 무엇일까요? 위인의 가치관을 이해한 아이는 이를 자신의 일상 속 문제 해결에 구체적으로 적용해볼 수 있습니다.

　　보호자: 이순신 장군이 지금의 너라면 어떤 선택을 할까? 예를 들어, 수학이 어려워서 포기하고 싶을 때?

아이: 아, 이순신 장군이라면 절대 포기하지 않을 것 같아요. 어려워도 계속 도전할 것 같아요.

보호자: 왜 그렇게 생각해?

아이: 이순신 장군은 항상 끝까지 최선을 다했잖아요. 쉽지는 않겠지만 저도 그렇게 해보고 싶어요.

이런 대화로 위인의 가치관을 자신의 삶에 적용해본 아이는 사소한 선택에서도 위인을 떠올리며 더 현명한 결정을 내릴 수 있겠죠?

활동 ❸ '나' 위인전 쓰기

이순신 장군 같은 위인의 삶을 접함으로써 아이들은 '위인'이 개인의 성공을 넘어서서 사회와 나라에까지 긍정적인 영향력을 미치는 사람이라는 것을 이해하게 됩니다. 이런 생각을 바탕으로 더 멋진 삶을 그려나가볼까요? 바로 미래에 위인이 된 자신을 상상하며 자서전을 써보는 것이지요. 이 활동은 단순한 상상을 넘어서 구체적인 미래 설계로도 활용할 수 있습니다.

보호자: 네 위인전이 도서관에 있다면 어떤 책 제목이면 좋겠어?

아이: 음……. 『세상을 따뜻하게 만든 과학자』요?

보호자: 와, 멋진데! 그 책에는 어떤 이야기가 담겨 있을까?

아이: 제가 새로운 친환경 에너지를 발명해서 환경 문제를 해결했다는 내용이요!

보호자: 정말 의미 있는 꿈이구나. 그런데 이순신 장군처럼 되기 위해서는 어떤 준비가 필요할까?

아이: 음…… 과학 공부도 열심히 해야 하고, 지구를 생각하는 마음도 키워야 할 것 같아요.

이 활동으로 자신의 꿈을 구체화한 아이는 이룰 방법도 구체적으로 고민해보겠지요. '나의 성공이 다른 사람에게 어떤 도움이 될 수 있을까?' 같은 사회적 가치에 대해서도 생각해볼 테고요. 이것은 단순한 진로 교육을 넘어, 건강한 직업관과 가치관을 형성하는 데까지 도움을 줄 수 있답니다.

2장

주관이
뚜렷한 아이를
만드는 독서

TV, 인터넷, SNS 등 다양한 매체로 수많은 정보가 쏟아져 무엇을 믿어야 할지 혼란스러운 세상입니다. 이런 세상에서는 어릴 때부터 반드시 '자신만의 관점'을 키워가야겠지요. 다양한 정보를 일관된 기준으로 비교·분석·평가한 뒤 자신만의 의견을 말할 줄 아는 아이, 즉 주관이 뚜렷한 아이로 키워야 한다는 뜻입니다. 지금부터 아이들의 주관 형성에 도움이 될 여덟 가지 독서 활동을 소개하겠습니다.

지금부터 소개할 활동들은 크게 세 단계로 나뉩니다. 먼저 세상을 바라보는 눈을 키우는 단계입니다. 세상을 나만의 관점으로 바라보며, 다양한 정보의 비교 방법을 배우는 것이지요. 이다음은 생각을 확장하는 단계입니다. 이 단계에서는 창의적으로 생각을 떠올리고, 다양한 시각을 이해하며, 질문들로 생각의 깊이를 더하는 법을 배울 거예요. 마지막은 생각을 다듬는 단계입니다. 자기 의견을 설득력 있게 전달하는 법을 익히는 것이 이 단계의 목적입니다. 모두 아이들이 정보를 주체적으로 받아들이고, 자신만의 관점을 갖도록 돕는 활동들이지요. 이 과정에서 얻는 주관은 앞으로 더욱 중요해질 비판적 사고력과 창의력의 토대가 될 거예요.

관점:
세상을 보는 나만의 창 만들기

　　책은 인류의 지식을 저장하고 전달하는 중요한 도구입니다. 우리는 책을 통해 직접 경험이 불가능한 세계를 간접적으로 체험하곤 하지요. 만약 책이 없었다면, 인류는 매 세대 시행착오를 겪어야 하지 않았을까요? 다행히 오늘날 우리는 선조들의 삶과 사상이 담긴 책을 읽을 수 있습니다. 옛사람들의 시행착오를 되짚어나가며 '오늘날 나는 어떻게 살아야 하는가' 고민할 수 있는 것입니다. 이 같은 고민 끝에 사람들은 '자신만의 관점'을 키워나갈 수 있습니다.

　　나만의 관점을 키우려면 먼저 스스로의 마음을 들여다볼 줄 알아야 합니다. 자기감정을 정확히 인식하고 표현하는 능력이 세상을 바라보는 관점을 형성하는 첫걸음이니까요. 그런 의미에서 『아홉 살 마음 사전』 (박성우 글, 김효은 그림, 창비)을 읽는 것은 아이들이 자신만의 관점을 쌓아가게 만들 좋은 출발점이 될 거예요.

활동 ❶ 뜻 정의하기 : ( )은( )다

아이들도 다양한 감정을 느끼지만, 자기감정과 제대로 마주해본 적이 별로 없기에 아무래도 익숙하지 않습니다. 그런 아이들에게 '설레다'의 뜻이 '마음이 가라앉지 아니하고 들떠서 두근거리다'라고 하면, 과연 제대로 이해할 수 있을까요?

아이들이 단어의 뉘앙스를 온전히 이해하고 활용할 수 있도록 '뜻 정의하기' 활동을 해보세요. 아이들이 자기 경험으로 단어의 개념을 재정의할 수 있게요.

> 보호자: 설렌다는 것은 뭐라고 생각해? 언제 설렘의 감정을 느낄까? 필요하면 책을 참고해도 좋아.
>
> 아이 1: 설레는 것은 주문한 음식이 도착하기 전에 느껴지는 감정이에요.
>
> 아이 2: 설레는 것은 롤러코스터를 타기 직전의 느낌이에요.
>
> 아이 3: 설레는 것은 기다리고 기다리는 날이 빨리 왔으면 좋겠다고 생각하는 것입니다.

'설렘'이라는 감정에 대해서 어떤 아이는 음식을 떠올리지만, 또 다른 아이는 놀이기구를 떠올려요. 이처럼 자기 자신의 경험을 바탕으로 개념을 이해하고 표현하는 과정에서 아이들은 자신만의 관점을 형성하기 시작하지요. 같은 단어라도 사람마다 다르게 느끼고 표현할 수 있음도 깨닫게 되고요.

이어서 책 속 상황의 옳고 그름을 판단하는 활동을 해봐요. 『아홉 살 마음 사전』에는 연필을 잃어버린 짝이 나를 이상하게 쳐다보는 상황이 나오지요. 이 상황을 두고 아이와 대화해보세요. "앞으로 어떤 일이 펼쳐질까?" 상상해보게 하거나, "너라면 저 상황에서 어떻게 행동했을 것 같아?" 물어볼 수 있겠죠.

보호자: 친구의 행동에 대해 어떻게 생각해?

아이: 다짜고짜 짝을 의심하는 것은 잘못이라고 생각해요.

보호자: 소중한 물건을 잃어버려서 친구가 많이 속상했나 봐.

아이: 그래도 확실하지 않은 상황에서 친구를 의심해선 안 되죠.

보호자: 그럼 앞으로 어떤 일이 일어날 것 같아?

아이: 아마도 둘이 서로 오해가 쌓여서 사이가 더 나빠질 것 같아요.

보호자: 네가 만약 그 상황이라면 어떻게 했을 것 같아?

아이: 저라면 먼저 친구에게 다가가서 "연필을 잃어버려서 많이 속상하지? 같이 찾아볼까?"라고 말했을 것 같아요.

보호자: 왜 그렇게 하고 싶어?

아이: 그렇게 말해야 오해가 풀리고, 친구하고 사이도 더 돈독해질 것 같아서요.

보호자: 그렇구나. 정말 좋은 방법인 것 같아.

주어진 상황에서 어떤 행동이 바람직할까, 고민해봄으로써 아이들은 앞으로 겪게 될지도 모르는 상황에 미리 대비하게 됩니다.

활동 ❸ 문제를 해결하는 나만의 방법 찾기

책을 다 읽은 뒤, 책 내용을 힌트 삼아 문제 상황을 해결할 나만의 방법을 고민해보게 하세요. 어리다고 인생에 아무 문제가 없진 않을 테니까요. 어느 작가의 말대로, '인생은 문제를 해결해나가는 과정'이잖아요? 어리다고 속상한 일, 화낼 일이 없으리라 단정하지 마세요. 표현에 서툴 뿐, 아이들의 마음도 어른만큼이나 복잡하답니다. 아이에게 마음이 불편할 때 어떻게 대처하는 게 좋을지 물어보세요.

보호자: 살다 보면 짜증이 날 때도 있어. 그럴 때는 어떻게 대처해야 할까?
아이: 원하는 대로 안 돼서 짜증이 나면 하던 일을 잠시 멈춰요.
보호자: 그러고 나서는?
아이: 기분이 풀릴 때까지 내가 좋아하는 일을 해요.

대화로 문제 해결 방법을 구체화했다면, 실천할 수 있게 도와주세요. 짜증스러운 상황을 상상해본 다음, 본인이 말한 문제 해결 방법을 실천해보는 것이지요. 문제 상황에 대처하는 연습을 한 번이라도 해본 아이와 그렇지 않은 아이는 문제 해결 역량에 아주 크게 차이가 난답니다.

평가:
비판적 눈으로 세상 바라보기

　　정보를 제대로 판별·평가하는 능력에는 정보의 신뢰도와 적절함을 평가하고 분석할 줄 아는 비판적 사고력이 요구됩니다. 참고로 비판적 사고력의 핵심은 '비판'이 아니라 '개선'에 있습니다. 즉, 문제점을 찾아내고 그것을 어떻게 더 나은 방향으로 발전시킬지 고민할 줄 알아야 하는 것입니다. 지금부터 『아낌없이 주는 나무』(셸 실버스타인 글·그림, 시공주니어)로 나날이 중요해지고 있는 아이들의 비판적 사고력을 길러볼까요?

　오랫동안 많은 사람에게 사랑받아온 『아낌없이 주는 나무』는 소년을 위해 모든 것을 내주는 한 나무의 이야기예요. 얼핏 보면 아름다운 사랑과 희생의 이야기 같지만, "당신은 나무처럼 행동할 수 있나요?" 물으면 대부분 쉽지 않다고 대답할 거예요. 이 책을 새로운 시각으로 들여다보며 '지속 가능하고 건강한 관계'란 무엇인지 고민하게 해주세요.

　　『아낌없이 주는 나무』를 평가하려면 일단 평가 기준을 만들어야 합니다. 저는 책을 다음과 같은 기준으로 평가하곤 하지요.

　　첫째, '흥미' 영역에서는 책의 몰입도와 현실성을 평가합니다. 끝까지 읽고 싶은 욕구가 생기는지, 이야기 전개가 얼마나 현실적이고 설득력 있는지가 중요합니다.

　　둘째, '표현' 영역에서는 창의적 요소를 평가합니다. 다른 책에서 볼 수 없는 참신한 표현이나 내용이 등장하는지, 삽화나 사진은 얼마나 책 내용을 잘 드러내고 있는지 살펴보지요.

　　셋째, '공감' 영역에서는 등장인물의 감정과 행동에 공감 가능한지, 선택과 행동이 이해되는지, 책을 읽으며 어떤 감정이 우러나는지를 돌아봅니다.

　　넷째, '교훈' 영역에서는 책을 통해 어떤 교훈을 얻었는지, 그리고 그 내용이 독자인 나(아이)에게 실질적으로 도움이 될지를 평가합니다.

　　마지막으로, '이해' 영역에서는 난이도나 표현이 독자에게 적절한지를 고민해봅니다. 내용을 얼마나 잘 이해할 수 있는지, 독자인 나(아이)의 관심을 끄는지 살펴봅니다.

　　위 평가 기준으로 활용 가능한 질문을 표로 정리해보았습니다. 다음과 같은 평가 기준이 있다면, 아이들도 체계적이고 비판적으로 책을 바라볼 수 있습니다. 스스로에게 정말 필요한, 의미 있는 책을 찾는 안목도 길러지겠지요?

책을 평가하는 기준

흥미	"끝까지 읽고 싶은 마음이 생기나요?" "뒤 내용이 궁금한가요?" "실제로 일어날 법한 일인가요? 현실적인가요?"
표현	"다른 책에서 보지 못한 인상적인 내용(표현)이 있나요?" "특별히 재미있거나 신기한 표현이 있나요?" "눈길이 가는 삽화나 사진이 있나요?"
공감	"인물에게 공감되나요?" "인물의 말과 행동을 이해할 수 있나요?" "책을 읽으며 어떤 감정이 느껴지나요?"
교훈	"책을 읽고 어떤 교훈을 얻게 될까요?" "책에서 알게 된 내용(배운 내용)이 나에게 도움이 되나요?
이해	"내용을 잘 이해할 수 있나요?" "단어들이 이해하기에 적절한 수준인가요?" "내가 읽기에 적절한 내용을 담고 있나요?"

이야기의 장점과 아쉬운 점, 특정 주제에 대한 생각

앞의 평가 기준을 바탕으로, 아이가 『아낌없이 주는 나무』를 평가해보게 하세요. 이때 본격적인 평가에 앞서 대화로 생각을 정리할 필요가 있습니다.

> 보호자: 『아낌없이 주는 나무』에 대해 점수를 5점 만점으로 매겨볼까?
>
> 아이: 4.5점이요.
>
> 보호자: 점수가 꽤 높은걸? 왜 그렇게 높은 점수를 줬어? 조금 전에 만든 기준을 활용하면 좋을 것 같아.
>
> 아이: 자신이 가진 모든 것을 나눠주는 나무가 등장인물로 나온 것이 인상적이었어요. 또 한없이 베푸는 나무의 모습을 보면서 마음이 따뜻해졌어요.
>
> 보호자: 아쉬운 점은 없었어?
>
> 아이: 나무가 '어떻게 가진 것을 모두 다 줄 수 있었을까?'하는 생각이 들었어요. 현실적이지 않은 것 같아요. 저는 그렇게 못할 것 같거든요.

책을 평가할 때는 특정 주제를 더욱더 깊이 있게 고민하게 해봐도 좋습니다. 독서 중 떠오른 생각들을 활용해서 주제를 만들 수도 있겠지요? 『아낌없이 주는 나무』를 읽고 나서는 아래와 같은 주제들을 다룰 수 있겠네요.

- 나무는 왜 끝까지 소년을 사랑했을까? 소년이 자꾸 찾아와서 뭔가를 달라고 할 때마다 나무는 기뻐했어. 나무에게 소년과 함께하는 시간이 얼마나 소중했는지 생각해볼까?

- 나무와 소년은 서로 어떤 사이였을까? 처음에는 함께 놀면서 행복했는데, 소년이 자랄수록 만나는 시간이 줄어들었지. 둘의 관계는 어떻게 달라졌을까?

- 나무처럼 다 내주는 게 정말 좋은 걸까? 나무는 가진 걸 모두 주고 그루터기만 남았어. 우리도 이렇게 해야 할까? 서로 행복하려면 어떻게 해야 할까?

- 소년은 왜 마지막에 나무 곁으로 돌아왔을까? 늙은 소년은 결국 나무 곁으로 돌아왔어. 소년의 마음은 어땠을지, 왜 다시 나무를 찾는지 상상해볼까?

활동 ❸ 내가 책을 다시 쓴다면?

지금까지 펼친 생각을 바탕으로, 『아낌없이 주는 나무』의 이야기 요소를 바꿔봐요. 이야기 요소란 크게 등장인물, 사건, 배경 세 가지를 가리키지요. 이 셋을 바꿔 아이에게 자신만의 『아낌없이 주는 나무』를 써보게 하는 거예요. 먼저 등장인물부터 바꿔볼까요? 등장인물이 나무와 소년이 아니라, 부모와 자녀라면 어떨까요? 주변에 흔한 관계니 아이가 원래 이야기보다 더 실감 나는 이야기를 써내려갈 수도 있겠네요. 다음으로 사건을 바꿔봅시다. 어른이 된 소년이 나무에게 받은 사랑을 다른 사람에게 베푸는 내용을 넣으면 어떨까요? 성장한 소년의 모습을 보여주는 것이지요. 마지막으로 나무 근처에 다른 나무들이 많았다면 이야기가 어떻게 달라졌을까요? 나무들끼리 서로 돕고 의지하지 않았을까요?

이야기 요소를 하나씩 바꿔보면 작은 변화로도 이야기의 흐름과 주제가 크게 달라진다는 사실을 깨닫게 돼요. 소개한 내용은 예시일 뿐이니, 아이의 생각 흐름에 따라 자유롭게 수정하게 해주세요. 이야기를 바꾸는 과정에서 아이는 비판적 분석력뿐만 아니라 표현력까지 기를 수 있을 거예요.

비교:
깊이 있는 이해를 위한 열쇠

대상을 제대로 이해하고 싶을 때 활용 가능한 아주 좋은 도구를 하나 추천할게요. 바로 '비교'지요. 비교와 이해가 무슨 상관이 있느냐고요? 비교 끝에 대상의 특징이 더 선명하게 파악된 적 없으신가요? 이를테면 구매를 앞두고 가격·안전성·기능·서비스 등 다양한 기준으로 온갖 자동차를 비교한 경험이라거나요.

활동 ❶ 다른 책과 비교하기

비교는 책을 읽을 때도 아주 유용해요. 왜 그런지는 초등학생 준모가 미술에 관심을 가지면서 펼쳐지는 사건들을 다룬 『그림 도둑 준모』(오승희 글, 최정인 그림, 낮은산)를 통해 설명할게요. 먼저 『그림 도둑 준모』와 공통점이 있는 책을 준비하세요. 초등학생이 주인공이거나, 배경이 초등학교인 책 말이에요. 비교할 책 찾기에는 앞서 살펴본 이야기의 핵심 요소(인물, 시간, 배경)를 활용하면 되겠죠?

1 인물: 주인공이 가진 특징(성격, 친구, 가족)

- 주인공의 성격은 어때?
- 주인공은 무슨 특징이 있어?
- 주변에 주인공과 비슷한 친구가 있니?

2 사건: 주인공이 겪는 문제와 그 문제의 해결 방법

- 주인공의 고민은 무엇이야?
- 주인공에게 어떤 곤란한 일이 펼쳐져?
- 주인공은 문제 해결을 위해 어떤 선택을 하니?

3 배경: 이야기가 펼쳐지는 시간과 공간적 배경

- 이야기는 언제 일어난 일이야?
- 이야기는 어디에서 벌어지고 있어?
- 우리 학교에서도 일어날 법한 일이야?

다른 책과 비교하는 과정에서 아이들은 『그림 도둑 준모』의 상황을 구체적으로 이해하게 되지요. 아이들이 비교하는 상황을 한번 그려볼게요.

• 『그림 도둑 준모』의 주인공은 그림을 잘 그리고 싶다는 생각을 가지고 있는데, 이 책에서는 친구들과 잘 지내고 싶다는 생각을 가지고 있네.

• 『그림 도둑 준모』의 주인공은 친구의 그림에 손을 대면서 펼쳐지는 사건을 그리고 있는데, 이 책은 SNS에서 친구들끼리 서로를 비난하며 펼쳐지는 사건을 그리고 있어.

활동 ❷ 나와 등장인물 비교하기

『그림 도둑 준모』는 평범한 아이들이 겪을 만한 고민과 성장을 그리고 있어요. 많은 아이가 준모의 상황에 쉽게 공감하지요. 이번에는 아이가 준모와 자기 상황을 비교해보는 활동을 소개하려 합니다. 총 세 단계로 진행되는 이 활동은 아이들의 자기 이해와 공감 능력을 키워줄 뿐 아니라 상황을 다양한 관점에서 바라보는 연습도 시켜줘요.

1 공통점과 차이점 찾기
• 너와 준모는 어떤 점이 비슷하니?
• 어떤 점이 다르다고 생각해?

성격·가족 관계·친구 관계·학교생활 등 다양한 측면에서 비교하다 보면 아이는 스스로에 대해서도 새로운 시각을 갖게 될 거예요.

2 상황 속으로 들어가기

- 네가 준모라면 그림 대회에 나가겠다고 결심했을 것 같아?
- 준모처럼 실수했을 때 넌 어떻게 행동할 것 같니?

이런 질문들은 아이에게 스스로 중요하게 여기는 가치를 고민해보게 합니다. "저는 선생님에게 바로 사실대로 말했을 것 같아요"라고 말하는 아이라면 '정직'이라는 가치를 중요하게 생각하는 것이겠지요?

3 역지사지 하기

- 만약 준모가 네가 겪은 것과 비슷한 어려움을 겪는다면 어떻게 행동했을까?
- 준모라면 이 상황에서 어떤 선택을 할 것 같아?

이런 질문을 던지면, 아이는 자기 상황에 책 속 인물을 대입해볼 수 있어요. 그렇다면 질문에 답하면서 문제를 새로운 관점에서 바라볼 수도 있겠지요?

활동 ❸ 다른 사람의 생각과 비교하기

보호자: 『그림 도둑 준모』를 읽고 어떤 생각이 들었어?

아이: 늘 친구와 비교하는 준모 엄마가 너무하다는 생각이 들었어요.

보호자: 나는 이 책을 읽고 준모 엄마 마음에 공감했는데. 왜 너와 같은 책

아이와 함께 책을 읽었다면, 대화로 생각을 나누고 비교해보세요. 위 상황에서는 아이가 준모의 어머니를 부정적으로 평가하죠? 이런 아이에게 "왜 너와 같은 책을 읽고도 다르게 생각하고 있을까?"라고 질문하는 것은 꽤나 의미심장한 일입니다. 자신과 다른 사람의 생각을 비교하면서 아이가 '왜 사람마다 생각이 다를까?', '다른 사람의 생각에서 배울 점은 없을까?' 등을 고민하게 만드니까요. 질문에 답하면서 자기 생각을 더 명확히 할 수도 있고요. 그로써 관점을 이전보다 발전시킬 수 있겠지요? '자녀를 향한 부모의 걱정과 사랑'이라는 새로운 관점을 받아들이게 될 수도 있고요. 다양한 시각의 비교와 통합은 아이의 사고를 더욱 풍부하게 만들어준다는 사실을 잊지 마세요.

생각 떠올리기:
창의적 사고의 씨앗 심기

　　"어떻게 생각해?", "뭐라고 생각해?"라는 질문에 많은 아이가 "잘 모르겠어요", "생각이 안 나요"라고 대답하곤 합니다. 이 같은 대답의 원인은 다양하겠지만, 의외로 '생각'에 익숙지 않아 이렇게 대답해버리는 아이들도 많답니다. 정답 찾기에 익숙해 자유롭게 생각을 표현하는 데 어려움을 느끼는 것이지요. 생각도 습관이고 연습이에요. 꾸준히 시도하면 점점 더 다양하고 창의적으로 생각할 수 있지요. 우물을 파다 보면 더 많은 물이 솟아나듯이, 생각도 자주 하다 보면 점점 더 잘하게 된다는 말이지요. 그렇다고 밑도 끝도 없이 맨땅에 헤딩을 시키면 안 되겠지요. 그러니 친숙한 학교를 배경으로 한 이야기로 아이들의 창의적 사고력을 키워주세요. 레이크턴 초등학교 5학년 학생들이 '말하지 않기' 게임을 시작하면서 벌어지는 사건들을 다룬『말 안 하기 게임』(앤드루 클레먼츠 글, 이원경 옮김, 비룡소) 같은 책으로 말이에요.

　　책 내용에 상상력을 덧붙여 아이가 이야기를 확장하게 해볼까요? 틀에서 벗어나 새로운 상황과 사건을 만들어내는 과정에서 아이들은 창의력을 발휘할 수 있으니까요. 본격적으로 사건이 시작되기 전에, 무슨 일이 있었을지 상상해보라고 하세요. 앞선 이야기를 떠올리는 데 도움이 되는 질문은 다음과 같아요.

- 레이크턴 초등학교 학생들의 5학년 이전 모습은 어땠을까?
- 레이크턴 초등학교에 처음 전학 온 학생들은 친구들의 모습을 보고 어떤 생각을 했을까?

　　사건 이후의 뒷이야기를 상상할 때는 아래 같은 질문들을 활용할 수 있겠네요.

- 이 사건 이후 레이크턴 초등학교 5학년의 분위기는 어떻게 바뀌었을까?
- 데이브와 린지는 중학교에 올라가 어떤 학생이 될까?

　　이 활동의 의미는 단순한 상상 그 이상입니다. 주어진 상황에서 원인을 추론하고, 결과를 예측하는 활동이니까요. 이 같은 활동을 통해 아이들은 논리적 사고력을 기를 수 있지요. 자유롭게 상상하는 과정에서 창의적 사고의 즐거움도 경험할 수 있고요. 이 같은 경험이 쌓이면 "생각이 안 나요."라고 대답하던 아이들도 점차 자신만의 독특한 생각을 자신 있게 표현하게 될 거예요.

활동 ❷ 생각 도구 활용하기

생각 도구란 '서론-본론-결론', '육하원칙'처럼 인간이 생각을 더 잘하기 위해 활용하는 도구들을 가리켜요. 생각 도구를 활용하면 생각을 체계적으로 정리하고 효과적으로 확장할 수 있죠.『말 안 하기 게임』을 예로 들어 생각 도구들의 사용법을 알아볼까요?

■ 브레인스토밍

"말하지 않고 의사소통하려면 어떤 방법이 있을까요?"

질문한 후, 떠오르는 생각을 자유롭게 적으라고 해보세요. 어느 정도 적어 내려가면 비슷한 생각끼리 묶어 분류하게 하고요. 다음 예시에서는 다양한 의사소통 방법을 신체 활용하는 방법, 도구 활용하는 방법으로 분류했네요.

신체 활용하기	도구 활용하기	전자기기 활용하기
흥미	글자	스마트폰
몸짓	그림	컴퓨터
표정	물건으로 소리 내기	AI

이 같은 브레인스토밍 활동의 장점은 무엇일까요? 일단 하나의 주제에 대해 다양한 생각을 떠올릴 수 있다는 점을 들 수 있겠네요. 비슷한 것끼리 묶는 과정에서 논리적 사고력을 기를 수 있다는 점도 간과해서는 안 되겠죠.

2 마인드맵

이제 게임 공간인 '학교'에 대한 생각을 정리해볼까요? 아이에게 학교의 종류, 학교가 필요한 이유, 학교에서 공부하는 것 등 다양한 주제로 가지를 뻗어나가며 생각을 확장해보라고 하세요.

생각을 시각적으로 정리하는 데 도움이 되는 마인드맵을 통해 아이들의 사고방식을 체계적으로 발전시켜주세요. 이 밖에도 유용한 생각 도구에는 다음과 같은 것들이 있답니다.

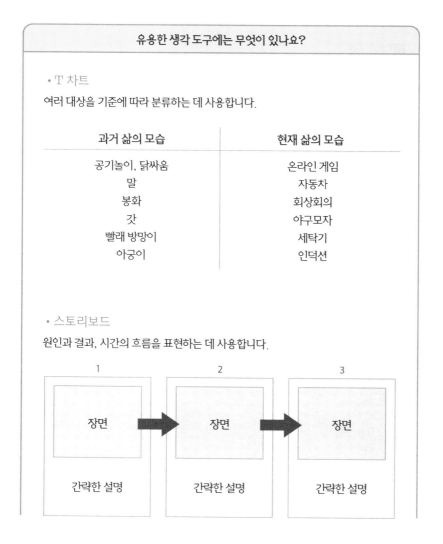

유용한 생각 도구에는 무엇이 있나요?

• T 차트

여러 대상을 기준에 따라 분류하는 데 사용합니다.

과거 삶의 모습	현재 삶의 모습
공기놀이, 닭싸움	온라인 게임
말	자동차
봉화	회상회의
갓	야구모자
빨래 방망이	세탁기
아궁이	인덕션

• 스토리보드

원인과 결과, 시간의 흐름을 표현하는 데 사용합니다.

1	2	3
장면	장면	장면
간략한 설명	간략한 설명	간략한 설명

• 공통점-차이점

두 대상의 공통점과 차이점을 표현하는 데 사용합니다.

활동❸ 작가와 인물 입장에서 상상하기

다양한 관점에서 생각해볼 수 있도록, 작가나 등장인물의 입장으로 질문에 답해보라고 하세요. 작가가 된 아이와는 이런 대화를 나눌 수 있겠군요.

기자: 누구를 생각하며 이 책을 썼나요?

작가: 의사소통의 방법을 잘 모르는 초등학생들에게 교훈을 주고 싶었습니다.

아이는 책의 주제와 작가의 말들을 생각하며 답하겠지요? 등장인물이 된 아이와는 이런 대화가 가능할 듯합니다.

기자: 말 안하기 게임 중 가장 힘든 점은 무엇이었나요?

등장인물: 머릿속에 떠오른 생각을 표현하지 못한다는 사실이 제일 힘들었어요. 그래도 시간이 지나니 익숙해지더라고요.

작가의 입장에서 집필 의도를, 또는 등장인물의 입장에서 기분을 짐작해보는 역할 바꾸기 활동은 아이들에게 특별한 경험으로 남곤 해요. 평소에는 미처 생각지 못하던 새로운 관점으로 사고의 폭도 넓힐 수 있기 때문이지요.

물론 모든 아이가 대답을 잘하지는 않을 거예요. 질문 앞에 멈칫거리다가 "모르겠어요"라고 답하는 아이들도 있겠지요. 만약 아이가 질문에 답을 잘하지 못한다면, 원인을 알아보세요. 그래야 해결책을 찾을 수 있을 테니까요. 혹 아이가 정답 찾기에 길들여져 생각하는 경험이 부족하다면, 위에서 소개한 활동들을 통해 생각하는 습관을 기를 수 있도록 도와주세요. 그게 아니라면 틀리게 답할까 봐 두려워하는 것일 수도 있으니 "틀려도 괜찮다", "틀리는 과정에서 성장할 수 있다"라고 말해주시고요. 생각을 나누는 과정에는 정답이 없다는 것도 반드시 알려주세요.

이도 저도 아니라면 답하는 데 필요한 정보가 부족하거나 말하는 방법을 잘 모르는 것일 수도 있어요. 전자라면 대상에 대해 충분히 더 고민할 시간을 주세요. 책 내용은 잘 이해했는지, 배경지식을 갖추고 있는지도 점검해봐야겠지요. 후자라면 근거와 함께 주장하는 법 등, 상황에 따라 말하는 방법을 알려줘야겠지요? 원인이 무엇이든, 아이가 자신 있게 자기 생각을 표현할 수 있도록 꼭 도와주세요.

여러 시각 이해하기:
다양한 관점으로 세상 보기

인간은 쉽게 생각 함정에 빠지곤 합니다. 생각 함정이 뭐냐고요? 대표적인 생각 함정에는 확증 편향, 성급한 일반화, 집단 사고가 있죠. 이해하기 쉽게 표로 제시해보겠습니다.

	확증 편향	성급한 일반화	집단 사고
의미	자신의 기존 믿음이나 가설과 일치하는 정보만을 선택적으로 수용하고, 그렇지 않은 정보는 무시하거나 과소평가하는 경향	제한된 경험이나 정보를 바탕으로 성급하게 결론을 내리는 경향	집단의 조화를 유지하기 위해 비판적 사고를 억제하고 동조하는 경향
예시	어떤 상황에 대한 내 의견과 더 유사한 의견에 귀를 기울이게 된다.	어떤 사람에 대한 몇 가지 정보만 듣고 그 사람을 평가한다.	내가 먹고 싶은 음식이 있지만 다른 사람들의 주문을 따라 주문한다.

이런, '흑백 논리'를 빼먹었네요. 흑백 논리란 옳고 그름, 흑과 백처럼 세상을 이분법적으로 바라보는 것이지요. 세상에는 단 하나의 정답만 존재하지 않는데 말이에요. 상황과 입장에 따라 다양한 해석과 답변이 가능하잖아요? 하지만 아이들은 흑백 논리 오류에 쉽게 빠지곤 합니다. 이를테면 환경 보호를 이야기할 수 있겠네요. 물론 환경 보호는 중요하지만, 현실적으로 환경 보호와 경제 발전 사이의 갈등 상황에서 어느 한쪽만이 옳다고 단정 지을 수 있을까요? 이게 바로 아이들에게 세상을 바라보는 여러 관점을 알려줘야 하는 이유입니다.

다양한 윤리적 딜레마를 통해 여러 관점에서 생각해보게 만드는 『10대를 위한 JUSTICE : 정의란 무엇인가』(마이클 샌델 원저, 신현주 글, 조혜진 그림, 미래엔아이세움)를 통해 아이들이 다양한 입장에서 생각할 수 있도록 도와주세요.

활동❶ 관점 바퀴 채우기

· ·

『10대를 위한 JUSTICE : 정의란 무엇인가』에는 '기관사의 딜레마'라는 명칭으로도 유명한 문제 상황을 제시합니다. 상황은 이렇습니다. 기관사가 운전 중인 기차의 브레이크가 고장 났습니다. 멈출 수 없는 기차의 앞쪽 선로에는 다섯 사람이 서 있습니다. 이대로 가다가는 다섯 명을 치게 될 것입니다. 그런데 기관사는 비상 선로로 방향을 틀 수 있습니다. 문제는 비상 선로에도 사람이 하나 서 있다는 것입니다.

기관사는 어떤 선택을 해야 할까요? 다섯 명을 살리기 위해 한 명을 희생해야 할까요? '관점 바퀴 채우기'는 똑같은 상황 앞에서 입장이 다른 사람들의 속마음을 다양하게 살펴보는 활동입니다. 이 상황에서는 총 여섯 가지 입장을 볼 수 있겠군요.

기관사의 입장	기관사 가족의 입장	선로 위 다섯 명의 입장
비상 선로 위 한 명의 입장	철도 회사의 입장	철도 승객의 입장

이제 원을 그리고 중심에 문제 상황을 적습니다. 그리고 원 주변을 여러 조각으로 나누어 여러 관점을 적습니다.

기관사는 "내 손으로 직접 누군가의 목숨을 빼앗을 수는 없어"라고 생각할 수 있지만, 선로 위 다섯 명은 "여러 사람의 목숨이 더 가치 있어. 우리를 구해야 해!"라고 말할 수 있겠죠. 관점 바퀴로 한 상황을 여러 각도에서 바라봄으로써 아이들은 우리 사회의 복잡한 문제들에 분명한 정답이 없다는 것을 깨달을 수 있습니다.

활동 ❷ 다른 관점에서 이야기 다시 쓰기

이번에는 좀 더 복잡한 윤리적 문제에 대해 이야기해보겠습니다. 역시나 『10대를 위한 JUSTICE : 정의란 무엇인가』에 등장하는 또 다른 사례, '이 아이는 누가 길러야 할까요?'입니다. 한 불임 부부가 대리모와 계약을 맺었습니다. 대리모는 출산 후 아이를 부부에게 넘겨주기로 했지만, 임신과 출산 과정에서 아이에 대한 애착이 생겨 계약을 파기하고 싶어집니다. 이 아이의 진짜 엄마는 누구일까요? 계약은 반드시 지켜져야 할까요? 아이의 행복은 어떻게 결정되어야 할까요?

대리모의 입장에서 이 상황을 소개하게 해봅시다. 계약 당시의 심정, 임신 기간 동안의 감정 변화, 출산 후의 갈등, 재판 과정 등을 상상해 대리모의 감정 변화를 생생하게 표현해보는 것입니다.

처음 대리모 계약을 했을 때 저는 돈이 필요했어요. 대리모 일은 그저 보상을 받기 위해 선택한 일일 뿐이었죠. 하지만 정작 아이가 생기자 마음이 바뀌었습니다. 출산 후 아이를 포기해야 한다는 생각에 밤마다 울었어요. 아무리 생각해도 아이를 보낼 수 없을 것 같아요.

반대로 부부의 입장에서 상황을 소개할 수도 있죠. 정반대의 입장을 둘 다 상상해봄으로써 아이들은 '계약과 약속의 의미', '부모와 자식의 관계', '감정과 책임감 사이의 충돌' 등 다양한 윤리적 문제를 다각도로 살펴볼 수 있게 됩니다.

활동 ❸ 판사가 되어 판결내리기

'백인이라서 불합격이라고요?'는 소수 민족을 우대하는 대입 정책 때문에, 뛰어난 성적에도 불합격한 백인 학생의 이야기입니다. 이 학생은 자신이 인종 차별을 받았다며 소송을 제기했고, 대학은 다양성 확보를 위해 필요한 정책에 따랐을 뿐이라고 맞섭니다. 양측 모두 제시하는 근거가 타당하니 결론을 내리기가 쉽지 않아 보입니다. 소수 집단 우대 정책이 공정한지도 고민해보게 만들고요.

아이들에게 판사가 되어 양측의 이야기를 꼼꼼히 살펴보고 판결문을 써보라고 하세요. 판결문에는 아래 내용들이 모두 담겨야겠지요?

- 간략한 상황 소개
- 양측의 주장과 근거

- 판결(판사의 결정)
- 판결의 근거

그럼 판결문의 예시를 살펴봅시다.

판결문 예시	
상황	○ ○ ○ 학생은 ☆☆☆ 대학교에 지원했으나 백인이라는 이유로 성적이 낮은 소수 민족 학생들에 밀려 불합격했습니다. ○ ○ ○ 학생은 '불공평한 인종 차별'이라며 학교를 상대로 재판을 신청했습니다.
양측의 주장	• 학생: 더 나은 실력으로 좋은 성적을 거뒀지만, 백인이라는 이유로 불합격 처리된 것은 차별입니다. • 학교: 다양한 배경의 학생들이 함께 공부하게 하려면 지금과 같은 우대 정책이 필요합니다.
판결	저는 학교의 주장이 옳다고 생각합니다.
근거	여러 배경에서 온 학생들이 함께 공부하면, 서로 생각을 공유하며 세상을 더 폭넓게 이해할 수 있습니다. 또, 소수 민족이라는 이유로 그동안 기회를 얻지 못했던 학생들에게도 공부할 기회가 주어져야 합니다. 그렇다고 소수 민족이라는 이유만으로 합격시켜서는 안 됩니다. 그 학생들도 대학교 공부를 잘 따라갈 만큼 충분한 실력을 갖추고 있어야만 합니다.

솔직히 학생의 입장도, 학교의 입장도 이해하지 못할 건 아닙니다. 그런 만큼 아이들은 다양한 입장을 고려하고, 여러 관점에서 문제를 바라보며 판결을 내리게 되겠지요. 이 과정에서 더불어 복잡한 사회 문제에는 완벽한 해답이 없으며, 서로 다른 가치들 사이에서의 균형이 중요하다는 사실도 깨우치게 될 거예요.

질문 만들기:
생각의 문을 여는 열쇠

'생각을 자극한 끝에, 새로운 세상을 여는 열쇠가 되기도 하는 유용한 도구'라고 하면 무엇이 떠오르나요? 답은 바로…… '질문'입니다! 하나의 질문이 세상을 바꾼 사례는 역사 속에서도 쉽게 찾아볼 수 있어요.

· 뉴턴은 나무에서 떨어지는 사과를 보고 '사과는 왜 떨어지는 걸까?' 의문을 품었습니다. 이 단순한 질문에서 시작한 뉴턴의 탐구는 지구의 중력이 모든 물체를 끌어당긴다는 만유인력의 법칙을 발견하는 성과로 이어졌지요.

· 애플은 '더 사용하기 편한 컴퓨터를 만들 수 없을까?'라는 스티브 잡스의 질문에서 시작했습니다. 당시 컴퓨터는 사용법이 너무 복잡해서 전문가들만 사용 가능했지만, 스티브 잡스는 누구나 쉽게 사용 가능한 컴퓨터를 만들겠다는 목표로 애플을 창립했어요.

· 알렉산더 플레밍은 실험실에서 유독 한 배양접시에만 세균이 없다는 것을 발견했습니다. '어째서 이 배양접시에서만 세균이 죽었을까?' 하는 궁금증은 곧 세균을 죽이고, 수많은 사람의 생명을 살린 페니실린의 발견으로 이어졌지요.

위 사례들만 봐도 질문의 놀라운 가치를 깨달을 수 있지요? 셀 수 없이 많은 질문의 장점 중 크게 세 가지만 이야기해보겠습니다.

첫째, 방향성을 제공합니다. 어떤 질문이냐에 따라 생각의 방향이 결정되지요.

둘째, 새로운 생각을 제공합니다. 다양한 관점에서 질문을 던지다 보면 전혀 새로운 생각을 떠올리게 되기도 하니까요.

셋째, 이해 정도를 판단하는 척도로 쓸 수 있습니다. 깊이 있는 질문이 가능하다는 것은 그만큼 그 주제에 대해 깊이 이해한다는 방증이잖아요?

그러니 스스로 질문을 만들어내는 능력을 기를 수 있도록, 아이들에게 다양한 상황에서 질문을 던져보세요. 아이가 답변하기까지 고민하는 과정에도 함께해줘야 한다는 사실을 잊지 마시고요. 아이가 궁금한 점을 되물을 수도 있잖아요? 세상에 모든 것을 다 아는 사람은 없으니, 계속 질문하는 자세가 필요하다는 점도 꼭 직접적으로 말해주세요.

지금부터 '이름 없이 300년을 산 삼백이가 죽자, 삼백이에게 은혜 입은 여섯 동물 귀신이 상주가 되어 칠일장을 치러준다'는 내용인 『삼백이의 칠일장』(천효정 글, 최미란 그림, 문학동네)을 예시 삼아 '질문'으로 책 읽는 법을 이야기해보겠습니다.

가장 먼저 육하원칙(누가, 언제, 어디서, 무엇을, 어떻게, 왜)을 활용해 아이가 책 내용을 제대로 이해했는지 알아보는 질문들을 체계적으로 만들어봅시다. 내용 질문을 만들 때는 어떤 요소들을 고려해야 할까요? 아래 요소들을 고려하면 좋습니다.

- 이야기 속 인물, 배경에 관한 질문인가요?
- 주요 인물의 행동과 그 이유를 묻는 질문인가요?
- 중요한 사건이 벌어지는 과정에 대한 질문인가요?

너무 세세한 내용보다는 이야기의 큰 흐름을 이해하는 데 도움이 되는 질문을 만들게 해야 합니다. 아이가 책의 내용을 전체적으로 정리하고, 이해할 수 있도록요. 『삼백이의 칠일장』에서는 이런 내용 질문들을 던질 수 있겠네요.

- 가장 기억에 남는 이야기는 무엇인가요? 그 이야기에는 누가 등장하나요?
- 까치 귀신이 들려준 이야기에서 안져할멈은 먼저할멈을 왜 '무서운 할망구'라고 생각하게 되었나요?
- 호랑이 귀신의 할아버지는 나쁜 습관으로 무슨 행동을 하게 되었나요?
- 소 귀신이 들려준 이야기에서 연 날리기를 좋아하는 아이는 어떻게 연나라로 가게 되었나요?

'만약 ~라면?'이라는 가정으로 책 내용이 다른 상황에 적용되면 어떨지 상상하게 해보세요. 이야기를 아이의 실생활과 연결 지을 수도 있겠죠. 책 속 상황을 현실에 대입해봄으로써, 아이는 이야기의 교훈이나 통찰을 자기 삶에서 실천할 방법을 발견하게 될 거예요. 『삼백이의 칠일장』으로는 아래 같은 적용 질문을 만들어볼 수 있겠네요.

- **나와 연결하기**: 만약 내가 삼백이라면 저승사자 앞에서 어떻게 행동할까?
- **배경 바꾸기**: 만약 오늘날 서울에서 이런 일이 벌어진다면 전개가 어떻게 될까?
- **등장인물 바꾸기**: 만약 담 큰 총각이 겁쟁이라면 이야기가 어떻게 달라질까?

적용 질문은 아이들의 사고력 발달에 여러모로 긍정적인 영향을 미친답니다. 우선 다양한 가능성을 상상하게 함으로써 창의력을 키워주지요. 바뀐 상황에서 결말이 어떻게 달라질지 논리적으로 추론하는 과정에서 비판적 사고력도 높여주고요.

마지막으로 여러 가지 '생각 관점'을 통해 책 내용을 분석해봐요. 생각 관점의 종류는 다음과 같습니다.

- **뜻(정의)**: 어떤 단어나 개념의 의미(예: ~의 뜻은 무엇일까?)
- **특징**: 이야기에 등장하는 어떤 대상이 가진 성질(예: ~이 가진 특징은 무엇일까?)
- **변화**: 시간의 흐름에 따라 달라지는 점(예: 시간이 지나면서 무엇이 달라질까?)
- **분류**: 비슷한 특성을 가진 것들을 묶기(예: 비슷한 성격을 가진 인물을 본 적 있니?)
- **공통점과 차이점**: 여러 대상의 유사점과 차이점 찾아보기(예: 두 인물 사이의 공통점과 차이점을 말해볼까?)
- **원인과 결과**: 어떤 일의 원인과 결과 살펴보기(예: 앞으로 어떤 일이 벌어질까?)

위 생각 관점들을 바탕으로, 『삼백이의 칠일장』 관련 생각 질문을 만들어본다면 아래 같은 질문이 가능하겠네요.

- 각 이야기에 나오는 동물들은 어떤 특징을 가지고 있어?(특징)
- 이 책과 비슷한 책이 있어? 두 책의 공통점과 차이점은 뭐야?(공통점-차이점)
- 왜 동물 귀신들은 삼백이의 칠일장을 치러주려 했을까?(원인)

질문 활동을 할 때는 절대! 원하는 방향으로 대화를 유도하지 마세요. 최대한 열린 마음으로 아이들의 활동을 지지해주세요. 아이들이 떠올린 질문이 책 내용과 어우러지지 않거나 도저히 답을 찾을 수 없더라도 "정말 창의적인 질문이구나. 그 질문에 대해 같이 고민해볼까?"라고 말하며 탐구하려는 자세를 보여주세요. 잘못된 부분이 있다면 생각의 과정을 통해 스스로 깨닫도록 해주시고요. 더불어 생각 질문의 정답은 책에서 찾지 못할 수도 있다는 것을 잊어서는 안 되겠지요?

의견 제시하기: 내 생각을 설득력 있게 전달하기

"안녕하십니까? 저는 이번 1학기 학급 임원 선거에 출마한 ○○○입니다. 지금부터 제 리더십을 보여드리겠습니다. 저기 뒤를 봐주세요."

이 말에 학급 학생들은 모두 뒤를 돌아봤고, 아이는 5초간 아무 말도 하지 않았습니다. 의아하다는 표정으로 다른 학생들이 하나둘 다시 앞을 보자 그 아이가 말했습니다.

"보셨습니까? 제 말 한마디에 다들 뒤를 돌아봤습니다. 저는 우리 학급이 이렇게 하나의 목표를 향해 나아갈 수 있도록 노력하겠습니다."

초등학교 학급 임원 선거에서 한 학생이 실제로 한 연설의 내용입니다. 이 학생은 자신의 주장(리더십이 있다)과 그에 대한 근거(학급 친구들을 한 번에 움직일 수 있다)를 구체적인 행동으로 보여주었지요. 단순히 "저는 리더십이 있습니다"라고 말하는 것보다 훨씬 강력한 인상을 주었겠지요? 창의적인 방식으로 자기 능력을 증명한 셈이지요. 결과적으로 이 학생은 학급 임원으로 당선됐어요.

우리는 일상생활에서 자주 의견을 피력하고, 타인을 설득해야 합니다. 이럴 때는 적절한 근거와 함께 의견을 제시하는 것이 중요하지요. 다른 사람의 의견에 경청하고 존중하는 태도를 갖는 것은 기본이겠지요? 지금부터 『수상한 아파트』(박현숙 글, 장서영 그림, 북멘토) 속 상황들을 재구성해 아이들에게 효과적으로 본인의 의견을 제시하는 방법을 알려줄 활동들을 소개할게요.

활동❶ 특정 상황에서 상대에게 부탁하기

다른 사람에게 부탁할 때에는 어떻게 말하는 것이 좋을까요? 현재 내 마음과 함께, 바라는 바를 분명히 이야기해야겠지요. 『수상한 아파트』의 주인공 여진이는 부모님의 갈등으로 혼자 사는 고모의 아파트에 잠시 머물게 됩니다. 여진이는 부모님의 이혼이라는 힘든 상황 속에서, 독립적인 성인 여성인 고모의 모습을 보며 자신도 혼자서 잘 살아가는 법을 배우고 싶어집니다. 이런 상황에서 여진이가 고모에게 부탁하는 대화를 상상해보겠습니다.

여진: 고모, 저는 부모님의 이혼으로 요새 정말 힘들어요. 앞으로 어떻게 살아야 할지 걱정도 되고 혼란스러워요. 저도 언젠가는 혼자 살아가야 할

것 같다는 생각도 들고요. 그래서 고모처럼 독립적으로 살아가는 방법을 알고 싶어요.

고모: 여진아, 네 마음은 충분히 이해해. 하지만 너는 아직 어려. 혼자 독립적으로 살아가는 법을 벌써 익힐 필요는 없어.

여진이처럼 자기 상황과 감정을 제대로 설명한 후 부탁하면, 상대방이 내 입장을 이해하고 공감하기가 쉬워지겠지요? 하지만 고모의 반응처럼 상대방이 부탁을 거절할 수도 있다는 점도 꼭 알려주세요. 어떤 상황에서도 상대방의 입장을 고려한 말하기가 필요하다는 점도요.

활동 ❷ 다른 사람의 의견이나 주어진 규칙에 대한 나의 의견 제시하기

고모가 살고 있는 아파트의 거주자들은 '다른 사람 일에 간섭하지 않기'라는 규칙을 따라야 합니다. 하지만 여진이는 이 규칙에 반대하지요. 이때 타인의 의견이나 주어진 규칙에 대한 찬성 혹은 반대 의견을 제시하는 방법을 알아보겠습니다. 의견을 효과적으로 전달하기 위해서는 다음 세 가지 요소가 필요합니다.

- 자기 입장 명확히 하기
- 반대하는 이유 설명하기

• 구체적인 사례 제시하기

여진이가 세 가지 요소를 활용해 반대 의견을 제시하는 상황을 상상해볼까요?

> 여진: 저는 '다른 사람 일에 간섭하지 않기'라는 생활 수칙에 반대합니다. 개인의 사생활도 물론 중요하지만, 건강한 공동체를 만드는 데는 이웃에 대한 적당한 관심과 배려가 필요하지 않을까요? 만약 제가 없었다면 22층 할아버지에게 안 좋은 일이 생겼을 때 누가 도움을 줬을까요? 도움이 필요한 상황을 아무도 모르고 지나친다고 생각하면 너무 슬프지 않나요?

맨 처음에는 자기 입장을 명확히 밝히고, 그 이유를 납득 가능하게 설명한 다음 구체적인 사례를 들었죠. 어때요? 여진이의 의견이 설득력 있게 느껴지지 않나요?

활동 ❸ 공동의 문제 상황을 해결할 방법 제시하기

현재 상황에 문제를 느끼고 있나요? 문제를 발견하면 지적하는 것에서 그치지 말고, 더 나은 해결책을 제시할 수 있어야 해요. 세상은 해결책이 쌓여가면서 조금씩 발전해나가니까요. 지금부터 여진이가 아파트의 문제를 해결하기 위해 새로운 생활 수칙을 제안하는 상황을 살펴보겠습니다. 먼저 문제 상황을 정리해볼까요?

- 이웃 간 무관심으로 인해 공동체 의식이 부족합니다.
- 도움이 필요한 상황을 알아채지 못합니다.
- 지나친 관심으로 서로가 불편한 감정은 느끼지 않아야 합니다.

여기에는 어떤 해결책을 제시할 수 있을까요? 또 이 같은 해결책이 효과적인 까닭은 무엇일까요?

- '엘리베이터'에서 인사하기 운동 캠페인을 펼쳐봅시다.
- 이 방법은 서로 관심을 높이면서도 개인의 사생활은 존중할 수 있습니다.
- 작은 관심이 쌓이면 필요한 경우 더 큰 도움을 줄 수 있을 거예요.

살아가면서 인간은 의견을 표현해야 하는 다양한 상황에 놓입니다. 아이들도 마찬가지죠. 이 상황에서 중요한 것은 상대방의 입장을 고려하면서 적절한 근거와 해결 방법, 구체적인 사례를 함께 제시하는 것입니다. 지금까지 소개한 독서 활동들을 통해 아이가 자기 의견을 자신 있게 표현하도록 도와주세요. 일상의 작은 상황에서부터 시작해 점차 더 복잡한 문제에 대해서도 의견을 낼 수 있도록요. 그 속에서 아이들은 자기 생각을 명확하게 전달하는 능력을 키워나갈 거예요.

나 돌아보기:
성찰할 때
성장이 일어납니다

한때 교육계를 휩쓴 '메타인지'라는 키워드를 아시나요? 메타인지는 스스로의 말과 행동을 객관적으로 바라보는 능력을 가리키지요. 각종 연구 결과에 따르면, 메타인지를 가진 사람들은 학업뿐 아니라 인생 전반에서 더 나은 성취를 보인다고 합니다. '메타인지'라고 하니까 어쩐지 거창하게 느껴지지만, 사실 인간은 본래 자기 선택을 돌아보며 성장하는 존재입니다. 이에 일상적으로 스스로를 성찰하곤 하지요. 친구와 다툰 아이가 '내가 너무 심했나?' 고민하거나, 시험을 망치고 돌아와 열심히 공부하지 않았다며 반성하는 모습을 본 기억이 없으신가요?

자기 성찰이 가능하려면 일단 '현재의 나'를 정확하게 파악해야 합니다. 스스로가 무엇을 잘하고 못하는지, 알고 있는 것과 모르는 것이 무엇인지 객관적으로 알아차릴 수 있어야 하지요. 자기 자신을 파악한 다음에는 미래의 나를 그릴 수 있어야 하고요. 앞으로 내가 무엇을 해야 할지, 어떻게 변화하고 싶은지 구체적으로 떠올릴 수 있어야 마음에 안드는 점을 보완하고 좋은 점을 발전시킬 수 있지 않겠어요?

초등학교 선생님이 자기 경험을 바탕으로 쓴 『예의 없는 친구들을 대하는 슬기로운 말하기 사전』(김원아 글, 김소희 그림, 사계절)은 학교생활에서 누구나 마주칠 수 있는 다양한 갈등 상황과 그에 대처하는 슬기로운 방법들을 소개합니다. 아이들이 자기감정을 제대로 표현하면서도 상대방을 배려하는 의사소통 방법을 익히도록 돕는 이 책을 읽고, 아이 스스로 돌아보는 시간을 가져보아요.

활동 ❶ 생각 정리하기

친구가 허락 없이 내 물건을 가져갈 때, 우리 아이는 어떻게 반응하나요? "내 물건을 왜 마음대로 가져가!"라고 화를 내나요? 아니면 속상하지만 아무 말도 하지 못하나요? 『예의 없는 친구들을 대하는 슬기로운 말하기 사전』를 읽은 아이는 이럴 때 '나 전달법'을 사용할 거예요. 상대방의 행동이 나에게 어떤 감정으로 다가왔는지, 앞으로 어떻게 했으면 좋겠는지를 구체적으로 이야기하는 방법이죠.

보호자: 책을 읽고 무엇을 새롭게 알게 되었니?

아이: 친구가 내 물건을 허락 없이 가져갔다면 내 감정과 바라는 점을 담아서 "네가 내 물건을 허락 없이 가져가서 속상해. 다음부터는 꼭 물어봐

주면 좋겠어"라고 말해야 한다는 거요.

보호자: 그렇구나. 또 어떤 생각이 들었어?

아이: 앞으로 어려운 상황이 생겨도 잘 대처할 수 있을 것 같다는 생각이요. 모든 대화에서 서로의 감정을 존중하는 태도가 중요하다는 사실을 깨달았거든요. 그래서 친구들과의 관계에서도 더 자신감이 생겼어요.

'나 전달법'과 같은 의사소통 방법을 익힌 아이는 앞으로 비슷한 문제 상황 앞에서 현명하게 대처할 수 있겠지요. 하지만 단순히 책을 읽은 데서 끝난다면 머릿속에 '나 전달법'이 남아 있지 않을 수도 있어요. 독서를 마친 아이에게 아래 질문들을 던져보세요.

- 책을 읽고 새롭게 알게 된 것이 있니?
- 책을 읽고 또 어떤 생각이 들었어?

활동❷ 스스로 평가하기

아이가 책 내용으로 스스로를 평가해보게 하세요. 단순히 잘잘못을 판단하게 하라는 뜻이 아닙니다. 책 내용을 기준으로 구체적으로 스스로의 장단점이 무엇인지 돌아보게 하라는 것입니다.

보호자: 책을 읽고 나서 스스로를 칭찬하고 싶은 부분이 있니?

아이: 내가 평소에 어떻게 말하는지 되돌아봤는데, 그 부분에서 나를 칭찬해주고 싶어요. 예를 들어 친구랑 다툴 때 아무리 화가 나도 욕을 하지는 않았거든요.

보호자: 아쉬운 부분은 없어?

아이: 책 내용을 실천하려고 따로 노력하지는 않은 것 같아요. 지난주에 동생한테 소리를 지르고 말았거든요. 책에서 배운 대로 차분히 말하면 더 좋았을 것 같아요.

보호자: 나는 네가 그동안 얼마나 노력했는지 잘 알고 있어. 처음부터 잘하는 사람은 없으니 계속 노력하다 보면 앞으로 분명히 더 좋아질 거야.

칭찬할 부분을 찾음으로써 아이는 스스로의 긍정적인 면을 인식하고 자신감을 얻습니다. 긍정적인 행동이 점차 강화될 수도 있죠. 아쉬운 부분은 돌아보면서 앞으로 어떻게 행동해야 할지 고민해볼 수도 있고요. 이런 과정을 통해 책 내용이 행동 지침이 되는 것이죠. 이때 보호자가 작은 변화도 세심하게 알아차리고, 격려해준다면 아이의 마음 성장에 반드시 큰 힘이 될 거예요.

활동 ❸ 구체적으로 계획하기

『예의 없는 친구들을 대하는 슬기로운 말하기 사전』처럼 구체적인 방법을 알려주는 책은 '오늘부터 바로' 실천하려는 노력이 중요하지만, 한꺼번에 모든 것을 바꾸려고 들면 쉽게 포기하게 될지도 모릅니다. 그래서 실현 가능한 계획을 세우고, 작은 목표부터 차근차근 시작하는 것이 좋습니다. 계획을 세울 때는 아래 3단계로 나누어 접근하는 것을 추천해요.

- **큰 목표 정하기**: '친구들과 더 좋은 관계 만들기'처럼 궁극적으로 이루고 싶은 목표를 정합니다.
- **작은 실천 과제 만들기**: 하루에 하나씩만 실천해봅니다. '친구들에게 하고 싶은 말을 가족 앞에서 먼저 연습해보기'처럼 구체적으로 적을 수 있도록 도와주세요.
- **용기 있게 도전하기**: "처음부터 잘하는 사람은 없다. 누구나 실수한다"는 사실을 알려줌으로써 아이가 한 번의 실패에 좌절하지 않게 해주세요.

구체적으로 계획을 세우고 실천하는 경험은 아이들의 말과 행동을 변화시키는 발판이 될 수 있으니, 부디 아이의 계획을 함께 점검하고 작은 성장도 격려해주세요.

3장

배경지식이
넓은 아이를
만드는 독서

마치 전자레인지에서 인스턴트 음식을 데우듯이, 내 입맛에 맞춘 정보를 손쉽게 얻을 수 있는 시대입니다. 이에 많은 어른이 더 이상 배경지식을 쌓을 필요가 없다고 생각하는 듯하지만, 정보가 넘쳐날수록 폭넓고 정확한 배경지식의 습득이 더욱 중요해집니다. 새로운 정보를 이해하고 평가하려면, 기준이 필요하니까요. 전자레인지로는 재료의 맛과 특성을 이해한 요리를 만들어낼 수 없잖아요? 생각해보세요. 기후와 생태계에 대한 배경지식 없이 '지구 온난화'의 심각성을 제대로 파악할 수 있을까요? 최소한 관련 어휘를 알고 있어야 맥락을 이해할 수 있겠죠.

이번 장에서는 책을 통해 아이의 배경지식을 넓혀줄 여덟 가지 방법을 소개합니다. 세상에 대한 관심을 키우고, 그것을 기록하는 것이 첫걸음입니다. 첫걸음을 뗐다면 기본적인 어휘를 익히고, 퀴즈와 조사 활동 등으로 지식을 확장해야겠죠. 나아가 시사와 문화 등 다양한 세상의 문을 열어준다면, 아이의 배경지식도 자연스럽게 확장될 거예요.

먼저 관심 가지기:
세상에 대한 시야 넓히기

　　세상에 '돈'만큼 사람들의 관심을 끄는 주제도 드물 것입니다. 용돈을 어떻게 쓸지, 갖고 싶은 물건을 어떻게 살지 고민하는 모습을 보면 아이들에게도 돈이 중요하다는 사실을 알 수 있습니다. 어떤 학생들은 특정 직업 종사자들의 연봉을 궁금해하기도 하지요. 부동산처럼 학생인 자기 삶과는 별 관련 없는 물건의 가격도 궁금해하고요. 돈에 대한 관심을 활용해 경제에 대한 아이들의 시야를 넓혀줄 방법은 없을까요?

　　『세금 내는 아이들』(옥효진 글, 김미연 그림, 한경키즈)은 초등학교 교사가 자기 교실에서 실제로 진행한 가상의 경제 활동을 바탕으로 한 경제동화입니다. 아이들이 경제 활동을 직접적으로 체험하는 과정을 아주 재미있게 표현했기에, 아이들에게 경제 개념을 처음 가르쳐줄 때 활용하기 좋습니다.

독서를 마친 아이들에게 관심 주제를 중심으로 한 마인드맵을 그려보라고 하세요. 생각의 시각화에 유용한 마인드맵은 복잡한 개념을 이해하는 데 도움을 주니까요.『세금 내는 아이들』에 등장하는 경제 개념으로 마인드맵을 작성해볼까요?

우선 정중앙에 중심 단어로 '경제'부터 적어야겠지요. 그 주변에 '돈', '직업', '저축', '세금', '투자' 등 주요 가지를 그리게 합니다. 각 가지에는 세부 개념들이 이어질 거예요. '돈' 가지에는 '월급·용돈·화폐' 등이, '직업' 가지에는 '청소부·은행원·사업가' 등이 이어지는 것이죠.

마인드맵을 그려본 아이들은 경제 개념이 서로 어떻게 연결돼 있는지 시각적으로 이해할 거예요. 그럼 자연스럽게 궁금한 점을 떠올릴 수도 있겠지요. 그러니 마인드맵을 그린 아이에게 아래의 경제 개념들에 대해 어떻게 생각하는지 물어보는 것도 좋을 거예요.

- 세금은 왜 내는 걸까?
- 저축과 투자는 어떻게 다를까?

활동 ❷ 주제와 관련된 책 읽기

『세금 내는 아이들』을 읽고 난 뒤 아이가 관련 개념들을 좀 더 자세히 알고 싶어 한다면, 아이와 함께 도서관이나 서점에 가서 경제 관련 책을 찾아보세요. 최종적으로는 아이가 읽고 싶어 하는 책을 골라야 하지만, 이미 아이의 관심 분야이니 보호자가 관련 도서를 몇 권 미리 찾아보는 것도 좋겠지요. 관련 도서를 찾는 몇 가지 방법을 소개합니다.

- **검색창에 '어린이 ○○ 도서 추천'이라고 검색**: 교육 서적 소개 블로그를 활용하면 매우 유용합니다.
- **인터넷 서점 검색창에 관심 주제를 검색하고, 검색 필터 설정에서 어린이/초등을 선택**: 판매량이 높거나 인기도가 높은 책부터 나열하도록 설정하면 더 재미있고 유의미한 책을 찾을 가능성이 높아집니다.

• 도서관 웹사이트에서 어린이 도서 대출 베스트 목록을 선택: 아이가 관심을 보이는 주제의 책이 있는지 찾아보세요.

『세금 내는 아이들』의 저자가 쓴 다른 책들을 찾아보는 것도 효과적이겠지요? 같은 사람이 썼다면 비슷한 주제를 비슷한 방식으로 풀어낸 책일 테니 아이들이 내용을 더 쉽게 이해할 거예요.

활동❸ 자료 수집하기

관심 주제와 관련된 자료를 수집하는 활동을 통해 '글자'로 배운 개념들이 실제 세상에서 어떻게 적용되는지 알아볼 수 있습니다. 이 활동은 아이들의 호기심을 자극할 뿐 아니라 사회와 과학 교과 학습 방법을 이해하는 데도 도움이 되죠.

먼저 자료 수집에 활용할 공책(스케치북)을 준비합니다. 책이나 신문, 교과서에서 발견한 시각 자료를 잘라 공책(스케치북)에 붙입니다. 시각 자료란 글로만 설명하기 어려운 내용을 효과적으로 전달하는 사진이나 삽화를 가리킵니다. 각각의 특징이 있어 상황에 맞게 활용할 수 있지요. 자료 수집하는 방법을 본격적으로 알아보기 전에, 시각 자료의 종류와 각각이 가진 특징을 상세히 알아볼까요?

첫째, 사진 자료는 실제 모습을 있는 그대로 보여줍니다. 예를 들어 아프리카 초원에 사는 기린의 생김새를 설명할 때는 긴 목으로 나뭇잎을 따먹는 기린의 사진이 글로 된 설명보다 훨씬 효과적이죠.

둘째, 그림 자료(삽화)는 사진으로 담을 수 없는 것들을 보여줄 때 사용됩니다. 공룡이 살던 중생대의 모습이나, 인체의 내부 구조, 지구 내부의 단면도 같은 것들 말이에요. 너무 복잡한 사진 자료를 간단한 그림 자료로 바꾸어 표현하기도 해요. 예를 들어, 그림으로 된 여행 지도를 들고 싶네요.

셋째, 그래프 자료는 숫자 정보를 한눈에 보게 해줘요. 우리나라 인구가 어떻게 변했는지, 지구의 평균 기온이 얼마나 올랐는지 같은 정보를 선이나 막대로 표현하면 변화의 흐름을 쉽게 파악할 수 있겠죠?

넷째, 표 자료는 흩어진 정보를 보기 좋게 정리해서 보여줘요. 표로 정리하면 각 나라의 수도와 인구, 기후가 한눈에 들어오죠.

아이와 함께 책을 볼 때 각기 다른 시각 자료의 특징을 이해하고 있으면 내용을 더 쉽고 정확하게 이해하는 데 도움이 되겠죠? 각각의 시각 자료에는 서로 다른 장점이 있으니 전달하고자 하는 바에 따라 적절한 것을 선택하게 해주세요. 그다음, 아이에게 수집한 시각 자료 설명을 한두 문장으로 적어보라고 하세요. 가장 중요하다고 생각되는 단어도 표시해보라고 하고요. 아이가 단어의 뜻을 모른다면 사전에서 뜻을 찾아 적게 해보고요.

자료 정리가 끝났다면, 가족 등 다른 사람에게 설명해보게 하세요. 설명 과정에서 내용을 더 깊이 이해하게 되는 것은 당연하고, 의사소통 능력도 길러질 테니까요. 이 활동으로 주제에 관심이 생겼다면, 시키지 않아도 자연스럽게 배경지식을 쌓아나갈 거예요.

# 일단 적기:
넓은 지식으로 향하는 첫 걸음

　　브리태니커 백과사전은 세상에서 가장 오래된 백과사전입니다. 1768년, 영국에서 처음 출판된 이후 여전히 명맥을 이어나가고 있죠. 처음 발간됐을 때는 부정확하고 불완전한 정보들로 많은 비판을 받았대요. 하지만 수많은 전문가가 꾸준히 정보를 수정하고 보완해나간 결과, 브리태니커 백과사전은 250년이 넘는 세월을 이어오며 전 세계에서 가장 공신력 있는 백과사전으로 자리매김했습니다. 브리태니커 백과사전이 성장해온 모습은 인간의 배경지식이 쌓이는 과정과 크게 다르지 않아요. 처음에는 부족하고 단편적인 지식들일지라도, 하나둘 새로운 지식이 더해지고 연결되면서 세상을 이해하는 데 큰 도움을 주죠.

　　지식을 쌓는 가장 좋은 방법은 단연코 기록입니다. 기록하지 않은 지식은 휘발성이 높거든요. 잠시 머릿속에 머무를 순 있어도, 오래 자리를 지키지는 못하는 것이지요. 지금부터 『어린이를 위한 역사의 쓸모』(최태성 글, 신진호 그림, 다산어린이)를 통해 지식을 보관하는 데 효과적인 기록 방법들을 소개하겠습니다.

활동 ❶ 내가 아는 것 적어보기

『어린이를 위한 역사의 쓸모』를 읽히기 전, 아이에게 책 제목과 차례만 보고 원래 알고 있던 것들을 떠오르는 대로 적어보라고 하세요. 이 책에서는 역사적 지식을 적어야겠죠? 역사책이잖아요. 틀려도 괜찮으니 떠오르는 대로 자유롭게 적어보라고 응원해주세요. 아이가 얼마나 알고 있는지 알아보는 과정일 뿐이니까요. 한국사에 대한 배경지식을 독서 전에 미리 써본다면 다음과 같은 내용을 적지 않을까요?

- 삼국 시대에는 고구려, 백제, 신라가 있었다.
- 고구려의 광개토대왕은 영토를 크게 확장했다.
- 고려 시대에 최초의 금속활자가 발명됐다.
- 세종대왕은 훈민정음을 만들었다.
- 임진왜란 때 이순신 장군이 거북선을 만들어 싸웠다.

이 같은 읽기 전 활동으로 아이들이 자신이 역사에 대해 얼마나 알고 있는지 가늠해볼 수 있습니다. 모르는 부분을 스스로 알아차린다면, 어떤 내용을 더 자세히 알고 싶은지 고민해볼 수도 있겠죠?

『어린이를 위한 역사의 쓸모』를 읽는 중에는 새롭게 알게 된 사실들을 적어보라고 하세요. 책을 다 읽고 나면 기억나지 않을 수도 있으니, 미리 밑줄을 긋거나 사이사이 공책에 적게 해보는 것이 좋습니다. 책을 읽으면서 새롭게 알게 된 내용을 계속 추가해도 괜찮으니, 만약 아이가 한 번에 완벽하게 적어야 한다는 강박을 느낀다면 그러지 않아도 된다고 말해주세요. 강박을 버린 아이는 새롭게 눈뜬 지식을 이전보다 즐겁게 적어 내려갈 수 있을 거예요. 자기 생각도 덧붙여가면서요.

• 구석기 시대 사람들은 주위에서 먹을 수 있는 음식을 직접 찾아 먹었다. 매번 음식을 찾아먹을 수는 없었을 테니 굶는 날도 있었겠지?

• '광개토'라는 말은 넓은 땅을 개척했다는 의미를 담고 있다. 광개토대왕이 다스렸을 때의 고구려는 정말 넓다.

• 신라는 고구려, 백제보다 늦게 발전했다. 그런데 어떻게 삼국을 통일했을까?

작가의 말 등 책 내용을 베껴 써보고, 거기에 대한 내 생각을 함께 적어보는 것도 지식 확장에 도움이 됩니다. 이를테면 『어린이를 위한 역사의 쓸모』에서는 다음과 같은 내용을 찾아볼 수 있습니다.

역사는 사람을 만나는 공부입니다. 고대 사회에서부터 지금까지 수천 년 동안 살았던 사람들의 삶이 역사 속에 녹아 있습니다. 그런 사람들을 계속 만나다 보면 저절로 '나'에 대한 고민을 하게 됩니다.

오랜 기간 역사를 가르치며, 역사란 무엇인가 고민해온 저자 최태성이 역사를 어떻게 생각하는지 확인할 수 있는 대목이지요? 작가의 생각을 베껴 적은 아이에게 자기 생각도 덧붙여서 적어보라고 하세요.

나는 역사를 단순히 과거 일이라고만 생각해왔는데, 역사도 결국 과거 사람들의 흔적이라니 옛날 사람들을 만나 대화해보고 싶다는 생각이 든다. 옛사람들은 어떤 생각을 하며 살아갔을까?

'과거의 실수를 반복하지 않으려면 역사를 잘 기억해야 할 것 같다'고 적어 내려가는 아이도 있을 수 있겠지요. 이런 식으로 떠오르는 생각을 정리하게 하면 아이의 비판적 사고력을 길러줄 수 있어요. 꼭 생각만 적게 할 필요는 없습니다. 아이에게 독서 중 느낀 감정도 기록해보라고 하세요. 감정을 기록한 내용을 훗날 생생하게 기억할 수도 있을 테니까요. 가슴이 먹먹해졌던 이순신 장군의 마지막 전투 장면을 떠올린다거나 하는 식으로 말입니다. 책을 읽으며 생긴 궁금한 점을 적어두면 다음 독서의 방향을 정하기가 수월해질 테고, 실천으로 옮기고 싶은 것들을 적어두면 독서를 통해 삶을 변화시킬 수 있겠지요. 어쨌거나 책을 읽고 기록해서 손해 볼 일은 없습니다.

어휘 쌓기:
세상을 보는 나만의 눈 가지기

      무지개는 몇 가지 색인가요? 오늘날에는 일곱 가지 색깔로 표현하지만, 과거 우리나라에서는 다섯 가지로 표현했답니다. 도대체 뭐가 맞는 것일까요? 사실 무지개의 색깔의 수는 문화마다 다르게 생각해요. 어떤 문화에서는 5색으로, 또 다른 문화에서는 6색으로 보지요. 일부 아프리카 부족은 2색으로 인식한대요. 이것은 표현 방식이 달라지면, 실제로 세상이 다르게 보인다는 것을 증명합니다. 전문가들은 이런 현상을 '언어 상대성 이론(사피어-워프 가설)'이라고 설명해요. 쓰는 언어가 인간의 사고방식과 세계관 형성에 관여한다는 것이지요.

    초등학교 시절의 어휘 수준은 이후의 학습과 삶에도 큰 영향을 미쳐요. 이른바 '마태효과'지요. 마태효과란 "무릇 있는 자는 더욱 넉넉해지되 없는 자는 그 있는 것도 빼앗기리라"는 성경 구절에서 유래한 말이에요. 초기의 작은 차이가 시간이 지날수록 큰 격차로 벌어지는 현상을 가리키지요. 교육학자들은 이 개념을 학습에도 적용해요. 초기에 학습 능력이 좋은 학생은 더 많은 것을 익힌 결과 학습 능력이 더욱 향상되는 반면, 초기에 뒤처진 학생은 점점 더 뒤처진다는 것이지요.

어휘력도 마찬가지예요. 초등학교 때 쌓은 어휘력은 이후의 학습 능력에 꾸준히 영향을 미치거든요. 어휘력이 풍부한 학생이 글귀를 더 쉽게 이해할 수 있으니까요. 당연히 남들보다 더 많은 지식을 습득할 수 있겠지요. 반면 어휘력이 부족한 학생은 내용 이해에 어려움을 겪으니 학습이 전반적으로 부진해질 테고요. 초등학교 시절에 어휘력을 쌓는 것이 매우 중요한 까닭이지요. 『초등 필수 백과』(삼성출판사 편집부 글, 삼성출판사)에는 초등학생이 알아두면 좋을 동식물·인체·인물·역사 등 다양한 분야의 지식이 담겨 있어요. 각 주제별로 간단한 설명과 함께 관련 어휘를 소개하지요. 아이들이 실제적 맥락 속에서 새로운 단어를 자연스럽게 익히기 좋은 책이겠지요?

활동❶ 황금 단어 찾기

차례나 각 단원에서 중요하리라 여겨지는 단어를 서너 개 정도 뽑아보라고 하세요. 참고로 『초등 필수 백과』에는 차례나 단원의 구분이 없으니, 정해진 분량만큼 읽은 다음 기억에 남았던 단어를 고르라고 하면 됩니다. 아이가 단어를 골랐다면, 왜 그 단어가 다른 단어보다 더 중요하다고 생각하는지도 꼭 물어보세요. 아이의 관심사를 파악하면 능동적인 학습 유도가 가능해지니까요. 이어서 아이가 선택한 단어가 포함된 문장을 찾아 적게 하세요. 만약 아이가 '방귀'라는 단어를 뽑았다면 아래 같은 문장을 찾을 수 있겠죠.

- 위험할 때 내뿜는 방귀는 스컹크의 가장 큰 무기예요

맥락 속에서 단어를 이해한 아이가 그 단어를 더 오래, 정확하게 기억할 거예요. 자신이 고른 단어가 어떻게 사용되는지를 보고 배웠으니까요. 그럼 그 단어로 자신만의 문장을 써보게 해야겠죠? 어쩌면 아이는 이런 글귀를 쓸지도 몰라요.

- 우리 가족은 집에서 방귀를 자주 뀝니다.

이렇게 능동적으로 사용하게 해봄으로써, 해당 단어를 아이의 뇌리에 제대로 각인시킬 수 있습니다.

활동❷ 어휘 쪽지 만들기

아이가 중요하다고 생각하는 단어를 하나 골라 어휘 쪽지를 만들어봐요. 어휘 쪽지란 단어, 뜻, 문장으로 구성돼 있어요. 만약 아이가 고른 단어가 '바다'라면, 아래와 같은 어휘 쪽지를 만들어볼 수 있겠네요.

'바다'로 만든 어휘 쪽지

바다

· 지구의 70%를 차지하고 있는
 거대한 물덩어리를 가리킵니다.

· 우리나라는 3면이 바다로
 이루어져 있습니다.

어휘 쪽지를 만들 때 아이는 단어의 뜻을 찾아보고, 다시 그것을 문장화하는 과정을 거쳐야 합니다. 이 과정 자체가 어휘력 학습인 것이지요. 이렇게 만든 어휘 쪽지는 화장실, 식탁 옆, 냉장고, 옷장 앞처럼 자주 가는 장소마다 다섯 개 정도 붙여놓습니다. 일상생활 속에서 자연스럽게 어휘에 노출되게 만드는 것이죠. 새로운 어휘 쪽지를 만들게 된다면, 가장 익숙해진 어휘 쪽지를 새 것으로 교체해주세요. 익숙해진 단어를 떼어내는 과정에서 아이가 성취감을 느낄 수 있겠지요?

활동❸ 사전 만들기

앞에서 교체한 어휘 쪽지는 버리지 말고, 주제별 어휘 사전 만들기에 활용해보세요. 과목별로 '공책 사전'을 준비하고 단어를 차

곡차곡 쌓아가는 거예요. '스컹크', '벌새'는 과학 공책에, '엘리자베스', '레오나르도 다빈치'는 사회 공책에 분류할 수 있습니다. 이렇게 분류하는 과정에서 아이는 각 단어가 어떤 분야에 속하는지 자연스럽게 익히게 될 뿐 아니라, 단어 사이의 관계를 이해하고 지식을 체계화할 수 있을 거예요.

중심 단어와 관련된 내용을 마인드맵 형식으로 정리하는 활동도 추천합니다. 각 단어의 유의어(유사한 뜻을 가진 단어), 반의어(반대되는 뜻을 가진 단어) 등을 조사해보게 하는 거죠. 예를 들어 '바다'의 유의어로는 '해양', 반의어로는 '육지'를 적어보는 것입니다. 관련 자료로는 바다 생물이나 해양 오염에 대한 신문 기사를 찾아 적고요.

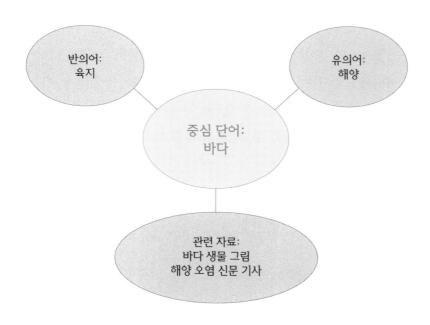

과목별 기본 지식 쌓기: 넓고 얕은 지식의 힘

『지적 대화를 위한 넓고 얕은 지식』(채사장 글, 웨일북)이라는 책을 읽어보셨나요? 역사·경제·정치·사회·윤리 등 다양한 인문학 분야의 지식을 쉽게 설명하는 이 책은, 출간 이후 정말 많은 성인 독자의 사랑을 받았죠. 이 책의 인기 비결은 무엇이었을까요? 작가의 방대한 지식? 효과적인 지식 전달 능력? 둘 다 중요했겠지만, 가장 큰 비결은 다양한 지식을 손쉽게 접하고 싶어 하는 사람들의 기본 욕구를 충족시켜줬다는 것이겠지요.

아이들에게도 '넓고 얕은' 지식이 필요해요. 아주 기초적이라도 다양한 분야의 지식을 갖추고 있으면, 복잡한 세상을 이해하는 데 도움을 받을 수 있으니까요. 다양한 지식은 창의력의 바탕이 되기도 하고요. 서로 다른 분야의 지식을 연결함으로써 새로운 것을 발견하는 융합 학문을 생각해보세요. 게다가 다양한 분야의 기초 지식을 쌓는 과정에서, 아이들은 '자신이 무엇에 관심이 있는지'도 깨닫게 되지요. 어떤 아이는 역사 이야기에 흥미를 느끼지만, 또 다른 아이는 과학 원리에 호기심을 보이는 식이에요. 관심사의 발견은 자연스럽게 학습의 동기가 되겠지요? 관심 분야를 공부할 때는 아이들도 즐거워하니까요.

『지적 대화를 위한 넓고 얕은 지식』을 아이들의 눈높이에 맞춰 재구성한 『채사장의 지대넓얕』(채사장 외 글, 정용환 그림, 돌핀북)은 원시 시대부터 현대 사회까지 세상이 어떻게 변해왔는지, 그 속에서 우리의 삶이 어떻게 변화해왔는지를 재미있는 이야기로 흥미롭게 풀어내요. 역사·과학·사회 등 여러 분야의 지식을 모두 다루면서요. 그럼 이제부터 아이들과 함께 다양한 분야의 지식을 탐험하는 방법을 알아볼까요?

활동❶ 교과서와 연결하기

초등학교에서는 여러 교과목을 가르칩니다. 각 교과목에서는 아이들에게 가르쳐야 하는 요소가 있는데, 이것을 정리해놓은 표를 '내용 체계표'라고 합니다. 내용 체계표는 교육부에서 고시告示하는 교육과정에서 찾아볼 수 있어요. 사회·과학 과목 체계표 전체 내용은 327쪽 '책 속 부록 2'에 수록해두었으니 활용해보세요.

329, 330쪽 내용 체계표에서 강조된 '경제' 영역의 '가계와 기업의 역할', '한국사' 영역의 '선사 시대 사람들의 생활' 내용을 『채사장의 지대넓얕』과 연결해보는 상황을 예시로 들어볼게요. 먼저, 6학년에서 학

습하는 경제 주제로 이런 대화를 나눠볼 수 있겠네요.

> 보호자: 사회 시간에 '가계와 기업'이라는 단어를 들어봤어?
>
> 아이: 네, 가계와 기업은 경제를 움직이는 중요한 역할을 맡고 있다고 들었어요.
>
> 보호자: 혹시 『채사장의 지대넓얕』에서 그런 모습을 찾을 수 있었어?
>
> 아이: 알파가 신발 가게를 차렸어요. 사람들이 알파의 신발을 구입하면, 파와 직원들이 돈을 벌 수 있어요. 그 돈으로 알파와 직원들은 스스로 원하는 물건을 구입하죠.

5학년 사회 시간에 한국사를 배울 때는, 이렇게 연결할 수 있죠.

> 보호자: 사회 시간에 '선사 시대(구석기, 신석기 시대) 사람들의 생활' 모습은 어떻다고 배웠어?
>
> 아이: 구석기 시대에는 주로 사냥이나 채집을 했고, 신석기 시대부터는 농사를 시작했다고 배웠어요.
>
> 보호자: 맞아. 도구는 어떤 것들을 사용했지?
>
> 아이: 뗀석기나 간석기를 사용했어요.
>
> 보호자: 『채사장의 지대넓얕』에서는 이런 도구를 뭐라고 불렀는지 혹시 기억나?
>
> 아이: '생산수단'이라고 했어요.
>
> 보호자: 그렇지, 그런 생산수단을 가진 사람들이 권력을 갖는다고 말했어.

6학년 사회 시간에 경제를 배울 때는, 이렇게 연결할 수 있죠.

> 보호자: 교과서에서 '경제 주체'라는 말 들어봤지?
>
> 아이: 네, 가계와 기업이 경제를 움직이는 중요한 역할을 맡고 있고요.
>
> 보호자: 『채사장의 지대넓얕』에서 그런 모습을 찾을 수 있었어?
>
> 아이: 사람들이 알파가 만든 신발을 구입하면, 알파와 직원들이 돈을 벌어요. 그 돈으로 알파와 직원들은 스스로 원하는 물건을 구입하죠.

이런 식으로 교과 개념과 책 내용을 연결 지어 읽을 때의 장점은 크게 두 가지입니다.

첫째, 이야기를 통해 쉽고 재미있게 교과 내용을 습득할 수 있습니다. 재미있는 이야기로 쉽게 이해했다면 아무래도 개념을 더 잘 이해하겠지요? 둘째, 단편적인 교과 개념이 실제 세상에서는 어떻게 서로 연결되는지 이해하는 데 도움이 됩니다. 교과서는 지식을 체계적으로 정리해 보여준다는 장점이 있지만, 분량의 한계로 인해 지식 사이의 연결고리를 자세히 설명하지는 못하니까요. 이때 과목별 기본도서가 그 빈틈을 채워줄 수 있지요.

활동 ❷ 도서관과 서점에서 분야 탐색하기

아이가 관심 보이는 분야가 있다면, 그 분야의 핵심 개념과 중요한 사실들을 알기 쉽게 설명하는 책을 읽히는 것도 좋은 방법입니다. 분야를 어떻게 구분하느냐고요? 일단 앞에 소개한 교과 기준 분야를 참고해보세요. 서점에서 분야별 책을 살펴보는 것도 방법이고요. 내친김에 서점에서 원하는 책을 어떻게 찾아볼 수 있는지 알아볼까요?

서점은 독자들이 원하는 책을 쉽게 찾을 수 있도록 '소설·시와 에세이·자기계발·건강·요리·여행·참고서' 등으로 최대한 알기 쉽게 분야를 나누지요. 온오프라인 둘 다 말이에요. 온라인 서점에서는 분야별(한국사, 세계사, 경제, 생명과학, 문화, 철학 등) 베스트셀러를 알아보기가 더 쉬워요. 온라인 서점의 어린이 도서 목록에서 원하는 특정 분야를 선택하고 판매량 순으로 나열해보세요. 어떤 책이 제일 사랑받는지 금방 파악할 수 있을 거예요. 많은 아이에게 사랑받아온 책들은 대부분 쉽고 재미있으니, 온라인 서점에서 베스트셀러 목록을 뽑아본 다음 오프라인 서점에서 실물 책을 직접 보고 아이가 책을 직접 고를 수 있게 해주세요.

현실적으로 아이가 읽어보고 싶어 하는 모든 책을 사줄 수는 없으니, 도서관에서는 책을 어떻게 분류하는지도 알아볼까요? 도서관에서는 '한국십진분류법(KDC)' 체계로 책을 분류해요. 한국십진분류표는 듀이십진분류법(DDC)을 한국에 맞게 개발한 도서 분류 체계로, 각 자리 수의 숫자에 따라 분류되는 기준이랍니다. 자세한 분류는 다음 페이지의 표를 참고해주세요.

이 기준에 따라 한국 현대 소설을 찾고 싶으면? 문학(800), 한국 문학(810), 한국 소설(813), 한국 현대 소설(813.6) 순으로 찾아나가야 하지요. 판매가 목적인 서점이 원하는 책을 더 쉽게 찾을 수 있도록 배치한

한국십진분류법									
000	100	200	300	400	500	600	700	800	900
총류	철학	종교	사회 과학	자연 과학	기술 과학	예술	언어	문학	역사

다면, 도서관은 지식의 체계적인 분류에 중점을 두는 셈이지요.

책의 분류를 살펴보는 것만으로도 아이들은 세상의 지식들을 어렴풋하게나마 파악할 수 있습니다. 과학이 물리·화학·생물·지구과학처럼 세부 분야로 나뉘어진다는 것과, 문학에 동화·소설·시·희곡 등 다양한 형태가 있다는 사실을 알게 되니까요. 분류 체계를 이해한 아이들도 대략적으로나마 머릿속에 지식의 지도를 머릿속에서 그려볼 수 있겠지요. 아이와 함께 도서관이나 서점을 돌아다닐 때 어떤 분야에, 무슨 도서가 놓여 있는지 한번 살펴보세요.

활동 ❸ 분야별 기본 도서 만나기

아이들은 핵심 개념과 중요한 사실들을 알기 쉽게 설명하는 기본 도서들을 위주로 독서를 시작하는 것이 좋아요. 기초부터 차근차근 쌓아가야 튼튼한 지식의 성을 쌓을 수 있을 테니까요. 정말 아무것도 몰라서 아이에게 어떤 책을 추천해야 할지 모르겠다면, 인터넷으로 '초등 ○○ 분야 추천 도서'를 검색해보세요. 그중 아이가 관심을 보이는 분야의 책이 있는지 한번 물어보세요. 거듭 강조하지만, 최종적으로 책 구매를 결정하는 것은 아이의 몫이어야 해요. 반드시 아이와 함께 서점 이나 도서관에 가서 직접 책을 고르게 해주세요. 보호자의 의도가 아무리 좋아도 결과적으로 아이의 선택을 받지 못할 책을 구매하는 것은 아무 의미가 없습니다.

퀴즈 활용하기:
지식을 쌓는 가장 친절한 도구

무엇에 관한 설명일까요?

- 남녀노소 모두에게 익숙합니다.

- 쉽고 간단하며 단시간 내 가능합니다.

- 공부 시작 전, 공부 중, 공부를 마치고 나서 모두 활용 가능합니다.

- 호기심을 유발합니다.

- 내용 정리와 시험 준비에 도움을 줍니다.

위는 무엇에 관한 설명일까요? 정답은 바로…… 퀴즈입니다! 퀴즈는 독서 활동 중 아주 유용해요. 특히 아이들이 직접 퀴즈를 만들어보는 활동은 학습적으로 의미가 꽤 크답니다. 이유가 무엇일까요? 크게 세 가

지를 들 수 있어요.

첫째, 내용 이해도를 높여줍니다. 퀴즈를 만들거나 풀면서 내용을 다시 한번 접하기 때문에 단순 독해보다 내용을 더 오래, 정확히 기억하게 되거든요.

둘째, '내용'의 중요도를 파악시켜줍니다. 어떤 부분을 퀴즈로 만들까 고민하고, 다른 사람이 내 퀴즈를 해결해나가는 과정을 보면 중요도를 자연스럽게 구분할 수 있죠.

셋째, '문제'에 바라보는 시각을 만들어줍니다. 다양한 유형의 문제를 접하고 만들어보면 출제자의 입장에서 문제를 바라보게 되잖아요? 이 같은 시각은 앞으로의 학습에도 큰 도움이 되죠.

지금부터 『365 과학의 신비 2024』(내셔널지오그래픽 키즈 글, 조은 옮김, 비룡소)를 예시 삼아 퀴즈로 배경지식 쌓는 방법을 소개할게요.

활동 ❶ 퀴즈 모음집 만나기

매일 하나씩 새로운 과학 퀴즈를 제공하는 『365 과학의 신비 2024』는 달력처럼 날짜별 구성이에요. 이렇게 매일 일정량의 퀴즈를 꾸준히 풀게 만드는 퀴즈 모음집을 활용하면, 크게 힘들이지 않고 손쉽게 배경지식을 쌓을 수 있지요. 다양한 분야를 가볍게 접하게 함으로써 호기심도 자극할 수도 있고요. 퀴즈를 풀 때는 가급적 다음 순서로 진행해 주세요.

- 퀴즈를 풀 때 아이가 답을 모르겠다고 하면 하루 정도 스스로 고민할 시간을 주세요.
- 다음 날, 답을 확인하고 함께 제시된 설명을 꼼꼼히 읽어봅니다. 그래야 깊이 이해하고 오래 기억할 수 있으니까요.
- 추가로 궁금한 점이 생기면 조금 더 자세히 알아봅니다. 관련 도서나 인터넷 검색을 통해 아이 스스로 먼저 찾아보게 합니다.
- 여전히 어려워한다면 어른들에게 질문할 수 있도록 지도해주세요.

아이들이 활용 가능한 퀴즈 모음집은 사실 매우 다양합니다. 몇 가지 소개해볼까요? 여러 주제의 퀴즈가 만화로 소개되는 『읽으면서 바로 써먹는 어린이 퀴즈 시리즈』, 어른용으로 개발됐지만 아이들의 문해력 향상에도 효과적인 『뇌가 젊어지는 문해력/어휘력 퀴즈』, 수학적 사고력을 키워주는 다양한 문제가 수록된 『뇌를 자극하는 새로운 수학 퀴즈 100』, 국어·위인·경제·세계 등 여러 분야의 재미있는 초성 퀴즈가 수록된 『우리 아이 빵빵 시리즈』, 초등학생에게 꼭 필요한 영단어를 퀴즈로 익히는 『읽으면 영어천재가 되는 만화책(영단어 퀴즈)』, 과학·지리·동물·곤충부터 수수께끼와 속담까지 폭넓은 분야를 다루는 『바이킹 어린이 퀴즈 백과 시리즈』 등등.

다양한 분야의 퀴즈 모음집이 출간되고 있으니, 관심사에 따라 아이가 직접 고르게 해보세요. 제가 소개하지 않은, 아이가 원하는 퀴즈 모음집도 괜찮습니다. 언제나 아이가 직접 고른 책이 최고의 책이라는 점 잊지 마세요.

활동 ❷ 즉석 O/X 퀴즈 만들기

이번에는 퀴즈를 직접 만들어보게 할까요? 아이들이 가장 쉽고 간단하게 만들 수 있는 퀴즈는 O/X퀴즈입니다. 초등학생들도 큰 부담 없이 읽어본 내용을 바탕으로 만들 수 있죠. 모두에게 익숙한 전래동화로 예를 들어볼게요.

- 심청이는 아버지의 눈을 뜨게 하기 위해 인당수에 몸을 던졌다. (O)
- 토끼는 자라를 속여서 용왕님을 만나러 용궁에 갔다. (X)
- 해님과 달님은 호랑이를 피해 하늘로 도망가서 해와 달이 됐다. (O)
- 「금도끼 은도끼」에서 산신령은 욕심쟁이 나무꾼에게도 도끼를 주었다. (X)

아이가 정답을 알고 있다면 함께 적게 해도 괜찮습니다. 퀴즈는 만들었지만, 답은 잘 모르겠다고 한다면 비워놓아도 괜찮고요. 이 활동의 목적은 학습한 내용을 자기 언어로 표현해보는 것이니까요.

예시로는 전래동화를 활용했지만 사회 또는 과학 등 내용 지식을 익혀야 하는 교과 학습에서는 더욱더 유용한 활동이니 챕터별로 두세 문제의 O/X퀴즈를 만들게 해보세요. 포스트잇이나 작은 종이에 모아둔다면 나중에 복습할 때 아주 유용하답니다.

더불어 아이들에게 본인이 만든 질문 중 가장 중요하다고 생각되는 문제를 골라보라고도 해보세요. 어떤 내용이 중요한지 자연스럽게 익히게 될 테니까요.

O/X퀴즈만 만들어보면 질릴 수도 있으니, 선택형·단답형·빈 칸 채우기·순서 나열하기 등 다양한 퀴즈를 만들어보게 하세요. 다양한 유형의 퀴즈를 번갈아 만들며 풀다 보면, 같은 내용이라도 여러 각도에서 생각해보게 될 거예요. 각 유형의 퀴즈가 서로 다른 사고력을 길러주기 때문에 균형 잡힌 학습도 할 수 있지요. 무엇보다 아이가 문제를 직접 만드는 과정에서 책 내용을 능동적으로 살펴보게 되고요. 어떤 문제를 낼지 고민하면서 중요한 부분을 찾고, 주도적으로 학습 내용을 정리해보는 것이지요.

1 선택형 문제

Q) 우리나라는 어느 기후에 속해 있나요?

① 열대기후   ② 온대기후   ③ 냉대기후   ④ 한대기후

(후I대기온 ② : 目정)

여러 선택지 중 정답을 고르는 방식이에요. 문제를 만들고 해결하는 과정에서 비슷한 개념들의 차이점을 더 명확히 이해할 수 있겠죠? 관련 개념을 비교·구분하는 능력을 길러주지요.

2 단답형 문제

Q) 땅과 물을 오가며 살고, 피부가 항상 촉촉한 동물 분류는 무엇인가요? (초성 힌

트: ㅇㅅㄹ)

(정답 : 용사리들)

특정 개념이나 용어를 정확히 알고 있는지 확인하기 좋은 유형이에요. 초성 힌트로 난이도를 조절할 수 있어 아이 수준에 맞춘 학습이 가능하답니다.

❸ 빈칸 채우기 문제

Q) 태양계에는 ( )개의 행성이 있다.

(정답 : 8개)

문장 속에서 특정 정보를 정확히 기억하는지 확인할 수 있는 유형입니다. 전체 맥락 속에서 핵심 정보를 찾아내거나 앞뒤 문장으로 답을 유추하는 능력을 기를 수 있습니다.

❹ 순서 나열하기 문제

Q) 행성을 태양에서 가까운 순서대로 나열하세요.

(정답 : 수성-금성-지구-화성-목성-토성-천왕성-해왕성)

아이가 '순서'를 이해하는지 확인하기 좋은 유형입니다. 단순 암기가 아닌 인과관계나 시간의 흐름을 파악하는 능력을 키울 수 있지요. 특히 과학의 원리나 역사적 사건을 이해하는 데 큰 도움이 된답니다.

조사 활동:
함께 키우는 지식과 지혜

학생들은 '혼자 공부하는 방법'과 '함께 공부하는 방법' 둘 다를 몸에 익혀야 해요. 혼자 하는 공부가 개인의 자기 주도적 학습 능력을 길러준다면, 함께하는 공부는 아이의 사회성과 협업 능력을 키워주니까요. 함께 공부하는 방법을 잘 알고 있는 아이는 어른이 된 후 직장이나 사회에서 협업도 잘해내지요. 이러한 협업의 시작점은 무엇일까요? 바로 '조사 활동'입니다. 조사 활동에는 단순한 정보 수집뿐만 아니라 토론 끝에 함께 결론을 도출하는 것까지 포함돼요. 이 활동은 문제 해결 능력, 비판적 사고력, 의사소통 능력 등 다양한 핵심 역량을 길러주지요.

『우리는 자료 조사에 진심』(바운드 글, 심지애 옮김, 봄나무)은 아이들 눈높이에 맞춰 조사 활동의 방법과 요령을 친절하게 설명해주는 책이에요. 정보 찾기부터 자료 정리와 발표 방법까지, 조사 활동의 전 과정을 구체적인 예시와 함께 보여주죠. 지금부터 이 책을 참고해 유용한 조사 활동 방법들을 소개할게요.

활동❶ 눈으로 직접 보기

가장 기본이 되는 조사 방법은, 현장에 직접 찾아가는 것이지요. 『우리는 자료 조사에 진심』에서는 이를 '1차 정보'라고 이야기해요. 1차 정보는 눈으로 직접 보고, 관찰하고, 경험해서 얻는 자료들이지요. 현장 조사의 장점은 냄새와 소리 등 생생한 현장의 모습을 포착할 수 있다는 거예요. 아무리 책과 인터넷을 뒤져도 이런 공감각적인 정보를 얻을 수는 없잖아요. 현장 조사의 또 다른 재미로는 예상치 못한 새로운 발견이 가능하다는 것도 들 수 있겠네요. 직접 보고, 경험한 것은 오래도록 기억에 남아 학습 효과가 뛰어나다는 것도 무시할 수 없겠죠.

현장 조사를 할 때, 반드시 주의해야 할 점이 몇 가지 있어요. 먼저 타인에 대해 기록하고 싶다면 꼭 사전에 그 사람의 허락을 받아야 한다는 거예요. 더불어 취식·녹음·사진 촬영 등 그 장소에서 금지된 행위는 하지 말아야 해요. 그러려면 무슨 행위가 금지되었는지 미리 확인해봐야겠지요?

현장 조사는 기본적인 예절과 규칙을 지키는 것이 중요하다는 걸 아이에게도 꼭 주지시켜주세요. 그럼 지금부터 예의 바르고 슬기롭게 현장 조사하는 법을 소개할게요.

1 사진(영상) 촬영하기

현장의 모습을 생생하게 기록할 수 있을 뿐 아니라 나중에 기억을 되살리는 데도 큰 도움이 되지요. 다른 사람들에게도 생생한 현장감을 전달할 수도 있고요. 아이와 함께 전통시장에 방문했다고 상상해볼까요? 전통시장의 모습, 각 가게별 특징적인 모습까지 차례대로 촬영하게 하세요. 물건 파는 상인과 장바구니를 든 손님 들의 모습을 담을 수 있다면 어떨까요? 자주 방문할 수 있다면 시기별로 달라지는 판매 물건들을 촬영해 비교해도 좋겠네요.

2 스케치하기

박물관이나 전시회에서는 사진 촬영이 불가능하기도 해요. 그렇다고 아무 기록도 남기지 않으면 나중에 아무런 기억도 남지 않을 수 있죠. 그럴 때는 그림을 그려보게 하세요. 사진 촬영이 금지된 곳이라도 스케치는 가능한 경우가 많으니까요. 그림을 그린다면 사진이나 영상으로는 담기 어려운 세부적인 특징이나 나만의 느낌도 표현할 수 있겠죠. 유물에서 인상 깊은 특징적인 무늬나 모양을 스케치하게 해보세요.

3 메모하기

우리의 기억은 생각보다 빨리 흐려지니 현장의 느낌과 인상 깊은 점 등을 그때그때 메모하는 것도 추천해요. 지역 축제를 조사한다면 시간별 행사, 행사에 참여한 사람들이 즐거워하는 모습, 판매되는 물건이나 음식 중 특별히 인상 깊었던 점을 메모해두면 좋겠지요.

정보는 다양한 매체를 통해서도 수집할 수 있어요. 다른 사람이 미리 정리해놓은 '2차 정보'를 활용한달까요? 매체 자료의 가장 큰 장점은 시공간의 제약 없이 폭넓은 정보를 얻을 수 있다는 거예요. 여러 전문가의 의견을 한꺼번에 접하고, 다양한 관점으로 비교해볼 수 있다는 것도 무시하지 못할 장점이지요.

매체로 정보를 수집할 때도 주의할 점이 있어요. 먼저 가짜 뉴스는 아닌지, 신빙성 있는 자료인지 한 번 더 따져보는 자세가 필요해요. 또 아이들이 습관적으로 익숙한 매체로만 정보를 찾지 않도록, 다양한 매체를 활용하도록 도와줘야 하지요. 마지막으로 타인의 자료를 활용할 때는 반드시 출처를 표기해야 한답니다. 그럼 본격적으로 매체 자료 활용법을 소개할게요.

1 인터넷 활용하기

인터넷에는 다양한 사진·동영상·도표와 그래프 등의 자료를 구할 수 있어요. 과거 또는 먼 나라의 상황이 담긴 사진, 또는 미시 세계나 우주처럼 직접 관찰하기 어려운 대상에 대한 자료도 있지요. 인터넷은 가장 손쉽게 자료를 구할 방법이지요.

2 신문이나 잡지 활용하기

최신 정보나 전문가의 의견이 담긴 좋은 자료들입니다. 신문은 시사적인 내용을, 잡지는 특정 주제에 대한 심층적인 내용을 담고 있으니 목적에 따라 선택하게 해보세요.

③ 관련 책이나 논문 찾아보기

아이가 보다 심층적인 정보를 원한다면 전문가들이 쓴 단행본이나 논문을 찾아보게 하세요. 특히 논문에는 가장 최신의 연구 결과와 전문적인 분석이 담겨 있답니다.

활동❸ 의견 물어보기

마지막 방법은 사람들의 의견을 직접 듣는 것입니다. 현장의 생생한 목소리를 듣는 방법이지요. 이 방법은 책이나 인터넷에서는 찾을 수 없는 실제 경험과 감정을 듣는다는 점이 장점이지요. 또한 궁금한 점을 그 자리에서 바로 물어보고, 예상지 못한 새로운 관점도 발견하게 될 수도 있어요. 참고로 의견을 물어볼 때는 가급적 많은 사람을 만나보며 다양한 생각을 들어봐야 해요. 한쪽으로 치우친 의견만 들으면 전체 의견을 알 수 없으니까요.

① 인터뷰

전문가나 관련 인물과의 대화함으로써 깊이 있는 정보를 얻을 수 있어요. 지역 역사를 조사한다면 오래전부터 그 지역에서 살아온 어른들의 의견을, 환경 문제를 조사한다면 환경 전문가의 의견을 들어보는 것이 좋겠지요.

2 설문조사

한 번에 많은 사람의 의견을 수집하는 방법이에요. 학교의 급식 만족도를 조사하거나 지역 주민들의 불편 사항을 알아보고 싶을 때 활용하면 좋아요.

활동❹ 조사 활동 마무리

앞에서도 말했듯이 조사 활동은 수집한 정보를 정리하고, 그 결과를 공유하는 것이 가장 중요한 활동이니까요. 조사한 내용을 정리하고, 공유하는 방법들을 알아봐요.

1 조사 결과 정리하기

수집한 정보를 체계적으로 정리해봅니다. 환경 문제를 조사했다면 '현재 상황', '문제점', '해결 방안' 등으로 나누어 정리할 수 있겠네요. 그래프 등 도표를 활용하면 정보가 한눈에 들어오게 정리할 수 있어요.

2 발표하기

조사 결과를 다른 사람들에게 효과적으로 전달해봅니다. 사진, 그림,

그래프 같은 시각 자료로 중요한 부분을 강조하면 청자가 내용을 더 쉽게 이해할 수 있지요.

❸ 토론하기

조사 결과를 바탕으로 다른 사람들과 의견을 나누면서 조사 대상을 더 깊게 이해해봅니다. 서로 다른 의견을 공유하면서 생각을 발전시킬 수 있어요.

더 넓은 세상 만나기:
시사 이야기

　　수업하다 보면, 생각보다 많은 아이가 교실 밖 세상에 큰 관심을 보인다는 생각이 듭니다. 지금 당장 아이들의 일상과는 아무런 상관없는 일들에도 말이죠.

　　"조만간 사람처럼 생각하고 말하는 AI가 개발될지도 모른대."

　　"기후변화 때문에 앞으로는 한반도에서 바나나, 망고 같은 열대 과일을 재배할 수도 있대."

　　'아는 만큼 보인다', '보는 만큼 자란다'라는 말이 있습니다. 아이들은 새로운 지식을 접하는 만큼 세상을 보는 눈을 키웁니다. 환경 특집 기사로 본인 동네의 쓰레기 문제를 돌아보기도 하고, 새로운 과학기술 소식을 접하며 다가올 미래를 상상하기도 하죠. 이렇게 뉴스와 일상을 연결 짓는 경험은 아이들의 사고를 키우는 밑거름이 됩니다.

　　다양한 사회적 의견들을 접할 수 있는 시사 이야기는 아이들이 살아가야 할 교실 밖 진짜 세상의 모습을 보여줘요. 지금부터 아이들에게 더 넓은 세상을 보여줄 방법을 소개할게요. 뉴스를 읽고, 아이 본인의 삶과 연결하고, 주변 이야기를 뉴스로 만드는 방법까지요.

활동❶ 시사 만나기

아이들의 눈높이에 맞춰 시사 이야기를 들려주는 『똑똑한 초등신문』(신효진 글, 책장속북스)은 뉴스를 쉽게 이해할 수 있도록 각 기사마다 필요한 배경지식과 관련 자료가 함께 제공됩니다. 이 책에서 가장 관심이 가는 기사가 뭔지 물어보세요. 그다음에 아래 활동을 시켜보세요.

■ 새롭게 알게 된 단어 찾기

이 책은 '캐릭터 마케팅·립스틱 효과·그린워싱' 등의 시사 단어를 설명해줘요. 새로운 개념을 접한 아이들은 어휘력이 늘 뿐 아니라 사회를 이해하는 기초적인 안목까지 기를 수 있지요.

■ 새롭게 알게 된 사실 적기

다음처럼 새롭게 알게 된 사실 정보를 적게 해봐요. 새로운 정보를 정리하는 과정에서 아이는 세상이 어떤 원리와 과정으로 작동하는지 이해하게 될 거예요.

- 포켓몬 빵의 인기 이후 다양한 캐릭터 상품이 모습을 드러내고 있다.
- 경제 불황기에는 립스틱처럼 저렴한 화장품 판매가 증가한다.

❸ 기사를 읽고 떠오르는 질문하기

아이에게 기사를 읽으면서 궁금해진 점이 없느냐고 질문해보세요. 『똑똑한 초등신문』을 읽은 아이라면 아래 예시 같은 궁금증이 생겼다고 할 수도 있어요.

- 왜 사람들은 캐릭터 상품에 열광할까?
- 경제 불황기에 사람들은 왜 립스틱 같은 물건을 더 많이 살까?

질문을 정리한 다음에는, 직접 답을 찾아보게 하세요. 그래야 주도적인 자세로 더 많은 것을 찾아보고, 오래 기억할 수 있을 테니까요.

활동 ❷ 뉴스와 관련된 주변 상황 찾아보기

기삿거리와 비슷한 상황을 주변에서 찾아보게 하세요. 시사가 실제 삶과 밀접하게 연결돼 있음을 이해할 수 있게요. 자신에게 가까운 곳부터 먼 곳까지, 아이를 중심으로 점점 더 넓게 관찰 범위를 넓혀가게 해보세요. '우리나라의 캐릭터 산업이 성장하고 있다'는 기사를 읽은 후 이와 관련된 상황을 찾아본다고 생각해보세요.

주변에서 뉴스와 관련된 현상 찾아보기: 캐릭터 상품과 관련된 현상을 찾아보자	
가족	가족들이 구입한 상품에 캐릭터가 그려진 것이 있을까?
교실	우리 반 친구들 중에 캐릭터 물건을 가지고 다니는 친구가 있을까?
학교	요즘 어떤 캐릭터가 학교에서 가장 인기가 많을까?
우리 마을	우리 동네 가게 중에서 캐릭터가 들어간 제품을 파는 곳이 있을까?
우리나라	우리나라에서 만들어진 캐릭터 중에서 요즘 가장 인기 있는 것은 무엇일까?

이 활동은 모든 주제에 적용할 수 있어요. 새로운 기술에 관련된 기사라면 실제로는 어떻게 사용되고 있는지 알아볼 수 있겠죠. 환경 문제를 다뤘다면 우리 지역의 환경 문제부터 찾아보고요. 기사와 현실을 연결 짓는 경험으로 아이에게 뉴스의 진정한 의미를 깨우쳐주세요.

활동 ❸ 주변에서 벌어지는 일을 뉴스로 만들기

마지막으로 직접 기사를 작성해보게 하세요. 우리 학교 또는 동네의 의미 있는 사건 사고를 기사로 써보게 하는 것이지요. 먼저 기삿거리의 조건에 대해 고민해보게 해야 합니다. 모든 소식이 기삿거리가 될 수는 없잖아요? 그럼 기삿거리의 특징은 무엇이 있을까요?

- 사람들이 요즘 가장 관심을 갖는 내용을 소개합니다.
- 기사를 읽는 사람이 알 법한 장소나, 사람에 대해 소개합니다.
- 기사를 읽는 사람에게 직접적으로 영향을 줄 만한 내용을 소개합니다.
- 자주 발생하지 않는 특이한 사건을 소개합니다.

이제 기사를 직접 써보게 해야겠죠. 핵심 요소를 빠짐없이 작성하도록 있도록 육하원칙 틀을 사용하면 좋겠죠? 육하원칙에 맞춰 학교 쓰레기 줍기 운동과 관련된 뉴스를 정리해보겠습니다.

- **누가?** 우리 학교 5학년 학생들이
- **언제?** 올해 3월부터
- **어디서?** 학교 운동장에서
- **무엇을?** 쓰레기 줍기 운동을
- **어떻게?** 매주 금요일 점심시간에 10분씩
- **왜?** 깨끗한 학교 만들기 위해 시작했습니다.

직접 제작한 기사로 토론하게 해보는 것도 좋습니다. 이때는 다음과 같은 주제들을 먼저 고민해보라고 하세요. 이 같은 고민을 통해 아이들이 사회에 관심을 갖고 참여하는 사람으로 성장할 테니까요.

- 이 문제를 어떻게 해결해야 할까? 현재 상황의 문제점을 파악하고 구체적인 해결 방안을 찾아봅니다.
- 이 상황은 앞으로 어떤 결과를 가져올까? 현재 상황이 미래에 어떤 영향을 미칠지 예측합니다.
- 우리는 이 일에 어떻게 참여할 수 있을까? 소극적인 관찰자를 넘어서서 적극적인 참여자가 될 방법을 고민합니다.

문화 만나기:
세상의 다양한
문화 현상 이해하기

    문화가 어떻게 형성되는지 아시나요? 문화는 주어진 환경에 적응하고 어려움을 극복하는 과정에서 자연스럽게 형성돼요. 그래서 추운 지역에서는 두꺼운 옷을 입는 문화가, 더운 지역에서는 얇은 옷을 입는 문화가 발달하죠. 고로, 문화를 공부할 때는 개별적인 지식보다 맥락을 이해하는 것이 중요합니다. 지역별 의식주를 단순 암기하는 것이 아니라, 기후·지리·역사가 의식주에 미친 영향을 이해하며 살펴봐야 하는 것이지요. 1년 내내 추운 지역에서는 농사짓기가 어려워 수렵으로 식량을 구했다는 것(기후의 영향), 국토의 네 면이 모두 바다인 일본은 수산물 위주의 식생활 문화가 발달했다는 것(지리의 영향) 등을 대표적인 예로 들 수 있겠네요.

    6대륙 66개국의 인물, 동식물, 주요 건축물, 음식 등 다양한 인문환경 정보를 자연환경 요소와 엮어 일러스트로 풀어낸 지도책 『MAPS(확장판)』(알렉산드라 미지엘린스카 외 글, 이지원 옮김, 그린북)로 아이들에게 문화의 다양성을 인정하고 존중하는 태도를 길러주세요. 각 나라의 특징을 한눈에 볼 수 있도록 구성한 이 책은 곳곳의 다양한 문화를 이해하게 도와주는 좋은 길잡이가 될 거예요.

여러 문화를 배우면서 타인의 생활방식을 존중하게 된 아이는 마음이 이전보다 넓어지게 될 거예요. 사회의 문화적 맥락을 이해하면 그곳의 사건과 소속된 사람들의 행동에 공감할 수 있을 테니까요. 다른 나라의 문화를 알아가면서 우리나라의 특별한 점을 새롭게 발견하게 될지도 모르고요. 그럼 지금부터 아이들이 여러 나라의 문화를 간접 체험해볼 수 있는 다양한 활동을 소개해볼게요.

활동① 문화 찾아보기(동영상)

『MAPS(확장판)』를 읽은 뒤, 아이가 관심 있어 하는 나라에 방문하는 여행 프로그램을 찾아봐요. TV 방송도 좋고, 유튜브도 좋아요. 유튜브에서는 여행 브이로그나 현지 음식을 먹어보는 모습 등을 찾아볼 수 있겠네요. 그 나라 현지인이 제작한 콘텐츠를 찾으면 더욱 생생한 모습을 볼 수 있을지도 몰라요. 『MAPS(확장판)』에서 본 내용과 비교하며 시청하면 더욱 흥미롭겠죠?

영화나 드라마를 통해서도 다른 나라의 문화를 간접 체험할 수 있어요. 이때는 실제 정보와 비교해가며 비판적으로 감상하게 해야겠지요.

과장되거나 왜곡된 부분이 있을 수도 있잖아요? 우리나라 드라마도 평범한 사람들의 이야기만 다루고 있다고 할 수는 없잖아요. 이 점을 생각해보면 쉽게 이해가 되죠?

이 밖에도 동영상을 찾아보면, 각 나라의 문화를 생동감 있게 간접 체험할 수 있어요. 교과서나 책에서는 볼 수 없었던 생생한 현지의 모습을 보다 보면 아이도 그 나라 사람들의 일상과 생각을 문화적으로 이해하게 될 테지요.

활동 ❷ 문화 비교하기(비교 활동)

『MAPS(확장판)』에 나오는 나라 중 둘을 골라 문화를 비교해보게 하세요. 영국과 일본의 비교해볼까요? 두 나라의 공통점은 사면이 바다로 둘러싸인 섬이라는 거예요. 하지만 꽤 많은 차이점이 있죠. 문화권, 사용 언어, 식생활, 기후, 주거 형태 등등……. 아래 같은 질문들로 아이들이 두 나라를 직접 비교해보게 해주세요.

- 두 문화의 대표적인 차이점 세 가지를 말해볼까요?
- 왜 이런 차이가 생겼을까요?(지리, 기후, 역사적 배경 등)
- 두 문화의 공통점도 있나요? 있다면 어떤 것인가요?
- 다른 국가와 비교되는, 그 국가만의 독특한 문화 현상(해당 나라에서만 먹는 음식, 입는 의복 등)이 있나요?

비교 활동은 아이들에게 여러 가지 통찰을 제공합니다. 먼저, 각 문화가 어떤 배경에서 형성됐는지 이해할 수 있겠지요. 바다와 가까운 지리적 특성에서 영국은 '피시앤칩스fish and chips'가, 일본은 '초밥'이 대표 음식이 되었다는 것을 알게 되는 식으로요. 더불어 각 문화가 '왜' 다른지 고민하는 과정에서 각 나라의 문화를 더 깊게 이해하게 된답니다.

활동 ❸ 나만의 문화 지도 그리기

『MAPS(확장판)』에 소개된 지도를 참고해, 아이가 직접 우리 지역의 문화 지도를 만들어보게 하세요. 한 발 더 나아가 우리나라 문화 지도 작성에 도전해보는 것도 좋은 경험이 될 거예요. 『MAPS(확장판)』의 지도는 외국인의 눈에서 본 한국의 모습이니까요. 한국인이 생각하는 한국 문화를 소개하는 것도 재미있는 활동이 될 것 같지 않나요? 과연 아이의 지도에는 어떤 문화가 담길까요? 우리 지역을 대표하든 우리나라를 대표하든 아래와 같은 내용이 담길 수 있겠네요.

1 대표 음식

강릉 하면 초당순두부, 춘천 하면 닭갈비, 전주 하면 비빔밥이 떠오르지 않나요? 지역별 관광 홈페이지 또는 맛집 소개 블로그 등을 참고해 대표 음식을 찾아보게 하세요. 해당 지역민들에게 직접 대표 음식을 추천받는 것도 방법이겠지요.

2 문화유산

문화재청 웹사이트나 지역 박물관에 방문해 어떤 문화유산을 담을지 정해보라고 하세요. 지도에 실을 문화유산을 정했다면, 답사해 직접 살펴보게 하는 것도 좋은 방법이지요. 역사적 가치와 의미를 지닌 문화유산에 대한 아이의 인상을 지도에 담을 수 있을 테니까요.

3 자연환경(지리적 특성)

지도에 독특한 자연환경을 담게 해보세요. 산이 많다거나, 개천이 있다거나 하는 식으로요. 여름에 아주 덥다거나, 분지라거나 하는 특징을 담을 수도 있겠지요. 관광 안내 책자나 환경 관련 기관의 자료를 참고하는 것도 추천합니다.

4장

표현하는
아이를
만드는 독서

책을 읽고 느낀 점과 생각하게 된 점을 적는 독후감 쓰기, 기억에 남는 문장 말로 소개하기, 이야기 속 인상 깊은 장면 그리기……. 많은 보호자가 선호하는 익숙한 방식의 독후 활동입니다. 모두 좋은 활동이지만, 아이들의 표현력을 향상시키려면 이 이상의 활동이 필요해요. 어떻게 하면 독서 활동을 통해 자기 생각과 느낌을 상황에 맞춰 가장 효과적으로 전달하는 능력을 키워줄 수 있을까요?

이번 장에서는 표현하는 아이를 만드는 여덟 가지 독서 활동을 소개합니다. 먼저 책 내용을 요약하고, 생각을 말이나 글로 표현해볼 거예요. 이어서 역할극과 그림 등 다양한 표현 방식을 경험해볼 거고요. 마지막은 토의·토론 활동이에요. 자기 생각을 바탕으로 다른 사람들과 효과적으로 의사소통하는 아이로 성장시키는 과정인 것이지요.

표현 활동 중 가장 중요한 것은 무엇일까요? 바로 자유로운 분위기 속에서 아이들의 표현을 격려하고 지지해주는 것이지요. 실수가 두렵지 않은 환경이어야 자기 생각을 마음껏 펼칠 수 있을 테니까요. 때로는 아이의 표현이 부족하거나 어색하게 느껴질 수 있지만, 당장 완벽하지 못함을 질책하는 대신 앞으로 점점 좋아질 아이의 표현력을 기대해주세요. 사고력은 자기 생각을 마음껏 펼칠 수 있는 환경에서 키워진다는 사실을 잊지 마시고요. 이 같은 지지 속에 자라나는 아이는 적극적으로 생각을 표현하는 사람으로 성장할 것입니다.

요약하기:
핵심을 찾아 정리하기

　　많은 사람이 '모든 내용을 빠트리지 않고 효율적으로 정리하는 것'이 '좋은 요약'이라고 생각합니다. 경영학에서는 이런 논리적 사고를 'MECE^{Mutually Exclusive, Collectively Exhaustive}(겹치는 내용 없이, 빠지는 내용 없이)'라고 정의하며 중요하게 다루지요. 그렇다면 '요약'이란 단순히 내용을 짧고 간략하게 줄이는 것일 뿐일까요?

　　아닙니다. '요약'란 책 속의 가장 중요한 내용을 선택하고, 그것을 '나만의 언어'로 재구성하는 일입니다. 복합적인 사고 과정이 요구되는 어려운 작업이지요. 완벽한 요약은 어른들에게도 어려운 일입니다. 하물며 아이들에게 완벽한 요약을 요구하면 어떻게 될까요? 부담감에 시작조차 하지 못하지 않을까요?

　　지금부터 시골로 전학 간 열두 살 소녀 린아가 예기치 못한 사건을 겪는 이야기인 『여름이 반짝』(김수빈 글, 김정은 그림, 문학동네)을 통해 다양한 요약 방법을 연습해보겠습니다.『여름이 반짝』은 각 장별로 중심인물이 겪는 사건이 뚜렷해 아이들이 이야기의 흐름을 파악하고 요약 활동을 연습하기에 적합하거든요.

활동 ❶ 필요 없는 내용 줄이기

요약의 첫 단계는 무엇일까요? 바로 불필요한 내용을 없애는 것입니다. 그렇다면『여름이 반짝』에서 중요도가 떨어지는 내용은 무엇일까요? 전체 내용 이해에 굳이 필요하지 않은 부분을 찾아보게 하세요. 이를테면 시골 마을의 자세한 풍경 묘사가 이야기 전체를 이해하는 데 꼭 필요할까요? 그렇지는 않겠지요. 이런 부분을 제외하고 남는 핵심 사건에 주목하라고 해보세요. 참고로 아래 예시는 말 그대로 예시일 뿐,『여름이 반짝』에 아래와 같은 문장이 나오지는 않는답니다.

> (원문) 교실 창밖으로 보이는 운동장에는 키 큰 나무들이 줄지어 서 있었다. 나뭇잎 사이로 비치는 햇살이 반짝거렸고, 그 아래에서 친구들이 재잘재잘 이야기를 나누고 있었다.
> (요약) 친구들이 운동장에 모여 있었다.

반복되는 부분을 압축하는 것도 요약에 도움이 돼요.『여름이 반짝』의 등장인물들은 유하의 목걸이를 찾아 이곳저곳을 돌아다니지요? 각

각의 장소에서 있었던 일을 따로 요약해도 되지만, 목걸이를 찾기 위해
고군분투하는 내용이라 전체적으로 비슷비슷하니 하나의 내용으로 소
개해도 무방합니다.

> (원문) 주인공은 친구를 찾아 교실에 가보았다. 복도를 지나 학교 반대편
> 도서관에도 가보았다. 그리고 운동장을 가로질러 급식실까지 가서 찾아
> 보았다. 하지만 친구를 찾을 수 없었다.
> (요약) 주인공은 친구를 찾기 위해 학교 이곳저곳을 봤지만 찾지 못했다.

활동❷ 대화로 요약하기

　아이에게 작가 또는 등장인물을 직접 만나게 된다면 어떤 질
문을 하고 싶은지 물어보세요. 가상 인터뷰도 요약에 유용한 활동이니
까요. 아이가 가상 인터뷰를 글로 정리하기 어려워한다면, 아래처럼 주
요 사건에 대한 질문을 던지고, 아이가 답변하게 해보세요.

> 보호자: 린아는 왜 시골로 전학을 가게 됐니?
> 아이: 엄마의 해외 연수로 인해 할머니 집에서 지내게 돼서요.
> 보호자: 유하는 어떤 인물이야?
> 아이: 린아의 짝이자 반장으로, 친절하고 모두에게 사랑받는 인물이에요.
> 하지만 갑작스러운 사고로 세상을 떠나게 돼요.

보호자: 저런…… 유하가 죽은 후 어떤 일이 일어났어?

아이: 친구들을 비눗방울을 통해 유하를 만나게 되고, 유하는 친구들에게 자신의 잃어버린 목걸이를 찾아달라고 부탁해요.

질문과 답변Q&A 형식을 빌리니 핵심 내용이 어렵지 않게 정리되지요? 독서 중에 작가 또는 등장인물에게 던지고 싶은 질문을 미리 적어두는 것도 이 같은 가상 인터뷰 방식의 내용 요약에 도움이 됩니다.

활동❸ 장별로 요약하기

각 장별로 가장 중요하게 느껴지거나 기억에 남는 문장을 찾아보라고 하세요. 1장을 예를 들어볼까요?

보호자: 1장에서는 무엇이 가장 중요하게 느껴졌어?

아이: 유하가 린아에게 줄 것이 있다고 말하는 부분이요.

보호자: 또 중요하다고 생각된 부분은 없었어?

아이: 음…… 유하에게 갑작스러운 일이 생겼다는 소식을 듣는 부분도 중요하게 느껴졌어요.

보호자: 그럼 이 내용들과 관련된 구체적인 문장이나 단어를 찾아볼까?

이렇게 각 장별로 고른 핵심 문장이나 단어를 이어보면, 이야기의 주요 흐름을 파악하기가 용이합니다. 이 같은 요약 방법은 아이들이 이야기의 구조를 이해하는 데 도움을 주고, 주요 사건을 연결 지어 생각하는 능력을 길러주지요.

활동 ❹ 기타 요약 방법

초등학교 국어 교과서에서 이 밖에도 다양한 내용 요약 방법을 소개합니다. 다양한 글감을 여러 방법으로 요약하다 보면, 아이마다 점차 자신에게 가장 잘 맞는 요약 방법을 찾아낼 수 있을 거예요.

- **중심 문장 찾기**: 각 문단의 중심 문장을 찾아 밑줄 긋습니다. 그 문장들을 모으면 전체 글을 쉽게 요약할 수 있겠지요.
- **반복 단어 찾기**: 반복되는 단어에 표시합니다. 반복된다는 건 중요한 단어라는 뜻이기도 하니까요.
- **표나 마인드맵 활용하기**: 표나 마인드맵의 형태로 내용을 정리하면 이야기의 구조를 쉽게 파악할 수 있어요.
- **이야기 구조 활용하기**: '발단-전개-위기-절정-결말'의 이야기 구조 단계에 맞춰, 단계별로 중요한 사건을 찾아보게 하세요.

 # 쓰기:
생각을 정리하고 표현하는 힘

글쓰기는 우리 인생에서 매우 중요한 역할을 합니다. 글쓰기로 복잡한 생각을 정리할 수도 있고, 아는 것과 모르는 것을 명확히 구분할 수도 있으니까요. 글쓰기를 잘하는 아이들은 자기 생각과 감정을 솔직하되, 상대가 알아들을 수 있도록 표현할 줄도 알죠. 자신만의 관점이 있을 뿐 아니라, 논리적이기도 하고요. 이에 글쓰기 능력을 키우면 학업 성취에도 큰 도움이 됩니다. 그러나 세상에 태어나자마자 글을 잘 쓰는 사람은 없어요. 글을 잘 쓰려면 꾸준한 노력이 필요하지요. 그런데 아이에게 글쓰기 연습을 시킬 때는 다음과 같은 점들을 주의해야 해요.

첫째, 아이가 관심 있어하는 주제와 소재로 글을 쓰게 해보세요. 흥미로운 것에 대해 써보며 글쓰기의 즐거움을 느껴보도록 하는 것이지요. 예를 들어, 아이에게 좋아하는 음식 세 가지를 소개하는 글을 써보라고 하면 어떨까요? 맛있는 음식을 떠올리면 즐겁게 글을 쓰지 않을까요?

둘째, 설명·비교·묘사·주장 등 다양한 서술 방식을 익힐 수 있게 해주세요. 이처럼 다양한 서술 방식을 키운 아이들은 글쓰기에 자신감이 있어요. 다만 진짜 자신감을 키워주려면 짧게라도 완성시키는 버릇을 들여줘야 합니다. 짧은 글을 완결했을 때의 성취감을 통해 더 긴 글에 도전할 용기를 얻을 수 있거든요. 이때 중요한 것은 언제나 아이의 글쓰기를 격려해주는 것입니다. 맞춤법을 고쳐주고 싶은 마음은 일단 눌러두고, 작은 발전도 칭찬해주세요.

셋째, 다양한 유형의 글을 접하게 해주세요. 아이들이 초등학교에서 아래처럼 다양한 형식의 글을 배웁니다.

- **설명문**: 사물이나 현상을 객관적으로 설명하는 글 → 여행 후 기행문 쓰기
- **논설문**: 자신의 주장을 논리적으로 펼치는 글 → 학급 신문에 기사 쓰기
- **보고서**: 특정 주제에 대해 조사하고 정리한 글 → 기후 변화의 원인에 대한 보고서 쓰기
- **감상문**: 책, 영화, 음악 등을 보고 느낀 점을 쓰는 글 → 책을 읽고 독후감 쓰기
- **편지글**: 특정 대상에게 자신의 마음을 전하는 글 → 친구에게 편지 쓰기
- **일기**: 일상의 경험과 느낌을 기록하는 글 → 오늘 내게 있었던 일로 일기 쓰기

목적에 맞는 글의 형식을 배우고, 스스로 적용해보는 과정에서 아이들의 글쓰기 능력은 점점 향상된답니다. 여러 종류의 글을 읽어보기도 하고, 써보기도 하면서 각각의 특징과 구조를 자연스럽게 익히게 되는 것이지요. 예를 들어 아이가 쓰는 글이 논설문이라면, 두괄식(결론을 앞

에)이나 미괄식(결론을 뒤에) 중 어떤 구성을 선택해야 할지 고민해보게 되겠지요? 그러면서 어떤 방식이 자기주장을 제일 잘 뒷받침하는지 자연스럽게 알게 될 거예요.

아이에게 목적에 맞는 방식으로 글을 써야 독자가 쉽게 이해할 수 있다는 점을 알려주시되, 너무 형식에 얽매일 필요가 없다는 사실도 꼭 함께 알려주세요. 더불어 처음부터 완벽한 글쓰기를 욕심 내지 말고, 조금씩이라도 지속적으로 연습해나갈 수 있도록 도와주세요. 천리 길도 한 걸음부터라는 속담도 있잖아요?

"아무리 가볍게 시작해보려고 해도, 우리 아이는 공책을 펼치기만 하면 멍해져요"라고요? 이런 아이들을 위해 지금부터 윤동주 시인의 대표 시들이 수록된 시집 『초등학생을 위한 윤동주를 쓰다』(윤동주 글, 북에다)를 이용한 글쓰기 활동을 소개할게요.

활동❶ 단어 바꿔보기

짧은 글귀 속에 풍부한 심상(이미지, 감각)이 담긴 시는 글쓰기를 시작하는 아이에게 훌륭한 연습 도구가 될 수 있어요. 아이에게 윤동주 시 중 가장 마음에 드는 구절을 골라보라고 하세요. 그다음에 골라낸 문장 속 단어를 바꿔보게 하세요. 「서시」를 예로 들어볼까요?

「서시」의 '하늘을 우러러 한 점 부끄럼이 없기를'이라는 구절을 '시험지를 바라보며 한 점 모르는 것이 없기를'로 바꿔보겠습니다. 이는 '시인의 양심 있는 삶에 대한 다짐'을 공부 의지'로 재해석한 것입니다. 시의 진지한 의미는 살리면서도 아이들의 일상적 경험과 연결시켜봤습니다.

단어를 바꾸거나 문장 구조를 변형해보는 활동이에요. 아이는 시인의 언어를 본인의 언어로 재해석함으로써 다양한 표현 방식을 체화할 수 있어요. 이렇게 시의 표현 방식을 자신의 것으로 만들어본 아이는 앞으로의 글쓰기에 창의적인 표현을 사용할 수 있겠지요. 이번에는 「자화상」을 예로 들어볼게요.

「자화상」의 '내를 건너서 숲으로, 고개를 넘어서 마을로'라는 구절은 '도로를 건너서 편의점으로, 육교를 넘어서 학교로'와 같이 현대적 배경으로 바꿔보겠습니다. 시인이 표현한 여정의 리듬감을 살리면서, 아이들에게 친숙한 공간으로 바꾸어 표현했습니다.

활동❷ 주제 글쓰기

이번에는 시를 읽고 떠오른 질문을 바탕 삼아 자유로운 글쓰기 활동을 해볼게요. 시 속 등장인물의 말과 행동에 관한 질문, 시의 내용을 내게 적용해보는 질문, 시로부터 새로운 상상을 확장하는 질문 등 이를테면 「귀뚜라미와 나와」를 읽고, 시 속 '나'와 귀뚜라미는 어떤 대화를 했을까(인물의 말과 행동에 관한 질문)를 생각해보는 것입니다.

> 귀뚜라미가 '나'에게 "왜 이렇게 늦게까지 공부하니?" 물어봤을 것 같아
> 요. 그러면 '나'는 "더 나은 세상을 만들기 위해서야" 대답했을 것 같고요.
> 귀뚜라미는 작지만, 울음소리로 가을밤을 아름답게 만들잖아요. '나'도
> 귀뚜라미처럼 세상에 좋은 영향을 발휘하고 싶지 않았을까요?

시의 질문은 내게 적용해본다면, 어떤 동물과 대화를 나눠보고 싶은
지 생각해볼 수 있겠지요. 집에서 반려견을 기르는 아이라면 이렇게 대
답하지 않을까요?

> 나는 우리 집 강아지와 대화를 나누고 싶어요. 매일 산책할 때 강아지가
> 무슨 생각을 하는지 궁금했거든요. 어떤 냄새가 좋은지, 왜 그렇게 다른
> 강아지들한테 관심이 많은지……. 그리고 우리 가족을 정말 사랑하는지
> 도 물어보고 싶어요.

마지막으로 아이에게 "「귀뚜라미와 나와」 같은 시를 쓴다면, 너는 어
떤 이야기를 담고 싶니?" 하고 물어보세요. 시로부터 새로운 상상을 확
장시켜보는 질문이지요. 이 같은 활동으로 아이는 오래전에 쓰인 시에
서 현대적인 의미를 발견할 수도 있어요. 다음 예시처럼 말이지요.

> 늦은 밤 책상에서 공부하는데 스마트폰 화면이 반짝였어요. "잠시 쉬었다

할래?" 스마트폰이 속삭이네요. 하지만 나는 고개를 저었어요. "지금은 안 돼. 내일 시험이 있거든." 스마트폰은 잠시 어두워졌다가 다시 은은하게 빛나며 말했어요. "그래, 네가 하고 싶은 걸 해. 난 여기서 기다릴게." 그 말에 오히려 마음이 편해졌어요. 나와 스마트폰은 서로를 이해하는 좋은 친구가 된 것 같아요.

활동 ❸ 독서 일기 쓰기

아이에게 시를 읽은 뒤 어떤 장면, 또는 어떤 생각이 떠올랐는지 물어보세요. 이 같은 질문에 답하면서 아이는 시를 더 깊이 이해하게 되지요. 단순히 대화만 주고받으면 감상이 금방 휘발될 수도 있으니, 아이에게 독서 일기를 써보게 하세요. 독서 일기란 단순히 내용을 요약하는 활동이 아니에요. 독서로 얻은 자기감정과 생각을 정리하는 과정이지요. 아래는 윤동주 시인의 「봄1」을 읽고 써본 독서 일기예요.

오늘 학교 도서관에서 우연히 윤동주 시인의 시집을 발견했습니다. 「봄1」이라는 짧은 시를 읽었는데, 시인이 그린 봄날의 모습이 너무 따뜻하게 느껴졌어요. 시를 읽으니 작년 봄, 할머니 댁 마당에서 봤던 장면이 떠올랐습니다. 따뜻한 햇볕 아래에서 아기 고양이가 낮잠을 자고 있었는데, 할머니가 키우던 엄마 고양이랑 너무 닮았더라고요. 향긋한 봄바람에 사락사락 나뭇잎들이 서로 부딪히던 소리가 아직도 생생합니다. 평화로운 봄날 윤동주 시인이 쓴 이 시를 읽으며, 저는 일상의 작은 순간들이 얼마나 소중한지 다시 한번 느끼게 됐답니다. 저도 시인처럼 주변의 아름다움을 자세히 관찰하고, 기록해보고 싶습니다.

시간이 지난 후 일기를 다시 읽어보면, 시를 처음 읽었을 때의 감상이 생생히 되살아날 것 같지 않나요? 아래는 독서 일기에 담기면 좋은 내용들이랍니다. 위 예시에도 모두 담겨 있죠.

- 읽게 된 계기나 책을 처음 만난 상황
- 가장 인상적인 구절이나 머릿속에 떠오르는 장면
- 책을 읽으며 떠오른 생각이나 감정
- 독서를 마친 후의 다짐이나 앞으로 실천하고 싶은 것들

독서 일기는 책에 바로 기록해도 좋아요. 아이의 부담감이 덜어질 뿐 아니라, 나중에 같은 책을 읽을 때 이전의 감상을 확인하면서 아이 스스로 본인의 성장을 되돌아볼 수 있을 테니까요.

말하기:
생각을 효과적으로 전달하는 힘

　　말하기 능력이 뛰어난 사람은 타인을 배려하면서도 자기 생각을 명확하게, 또 설득력 있게 표현하지요. 지금부터 공자의 가르침을 현대 청소년의 눈높이에 맞춰 재해석한 『10대를 위한 논어 수업』(김정진 글, 넥스트씨)을 통해 아이들이 자기 생각을 효과적으로 표현하는 데 도움이 될 독서 활동을 소개할게요.

활동 ❶ 외워 말하기

　　아이에게 특별히 인상 깊거나 재미있는 책의 구절이 있었는지 묻고, 있다고 하면 외워보라고 하세요. 좋은 글귀를 외우고 경험과 연결해 설명하는 활동은 논리적 사고력과 표현력을 동시에 길러주니까요. 아이가 외운 구절을 활용 가능한 경험을 떠올린다면 가족들 앞에서 설명하게 해보세요. 『10대를 위한 논어 수업』을 읽은 아이의 이야기를 예로 들어볼까요?

> '자신을 알아줄 사람이 없음을 걱정하지 말고, 자기 스스로 남이 알아줄 만한 사람이 되도록 하자'라는 구절이 인상적이에요. 다른 친구들이 관심을 가져주지 않아 상처 받은 적이 있는데, 이 구절을 보고 '더 멋진 사람이 되기 위해 노력해야겠다'는 생각이 들었어요.

위 인용은 구절을 정확하게 외운데다 관련된 경험을 언급했다는 점만으로도 아주 칭찬할 만해요. "다른 친구들이 관심을 가져주지 않아 상처 받은 적이 있"다는 부분에서는 인상 깊은 구절을 일상적인 상황에 적용했다는 것도 알 수 있지요. 마지막으로 "더 멋진 사람이 되기 위해 노력해야겠다"는 결론으로 구절을 통해 얻은 깨달음까지 표현했네요. 구절에 대한 자신만의 해석과 다짐을 보여준 거예요.

활동❷ 세 문장 말하기
....

말이 너무 길면 핵심을 알 수 없고, 너무 짧으면 전달이 제대로 되지 않겠죠? '세 문장 말하기'로 아이에게 자기 생각을 명확하고 간단명료하게 전달하는 연습을 시켜보세요. 세 문장 말하기의 구조는 다음과 같아요.

- **처음 문장**: 주제나 핵심 아이디어 소개
- **중간 문장**: 주제에 대한 부연 설명이나 예시 제시
- **끝 문장**: 중요한 생각 한 번 더 정리

　최근 아이의 관심사나 고민거리 또는 최근의 사회적 이슈에서 세 문장 말하기의 주제를 찾아보세요. 예를 들면 '친구와 다투면 어떻게 해결해야 할까?'나 '공부는 왜 해야 할까?', '자기 분야에서 훌륭한 성과를 보이는 사람은 어떤 특징을 가지고 있을까?' 같은 주제가 적합하겠네요. 'AI 시대 공부는 꼭 필요할까요?'라는 주제에 『10대를 위한 논어 수업』을 근거로 든다면 아래 같은 세 문장 말하기가 가능하겠지요?

- **처음 문장**: 공부는 우리의 미래를 준비하는 중요한 과정입니다.
- **중간 문장**: 공자도 '배우기만 하고 생각하지 않으면 얻는 것이 없고, 생각만 하고 배우지 않으면 위태롭다'라고 말했어요.
- **끝 문장**: 따라서 우리는 열심히 공부하면서도 항상 생각하는 습관을 길러야 합니다.

　아이들이 처음에는 세 문장 말하기를 어려워할 수도 있지만, 꾸준히 연습시키다 보면 점차 자기 생각을 논리적으로 명확하게 표현할 수 있을 거예요.

세 문장 말하기를 확장시킨 활동이에요. 주어진 주제를 더 깊숙이 이야기해보는 활동이지요. 주제에 대한 내 생각을 1분 동안 말하며 시간 안에 논리적으로 내 생각을 전달하는 능력을 키울 수 있어요. 1분 스피치의 구조는 다음과 같지요.

- **도입(10초)**: 주제 소개와 화자의 관심 끌기
- **본론(35초)**: 1~2가지 핵심 생각을 구체적 예시와 함께 설명
- **결론(15초)**: 중요한 생각을 다시 한번 강조하고 청자에게 남길 메시지 전달

짧은 제한 시간 내에 자기 생각을 전달해야 하기에, 확실하게 전하고 싶은 하나를 정하게 해야 해요. 1분은 생각보다 짧거든요. 아래는 '어떻게 인을 실천할 수 있을까요?'라는 질문에 대한 1분 스피치입니다.

공자가 가장 중요한 덕목으로 여긴 '인'은 타인을 사랑하고 공감하며, 도덕적인 행동을 하는 것을 말합니다. 어떻게 실천할 수 있을까요?

일상에서 인을 실천하는 방법은 다양합니다. 어려움에 처한 친구를 돕거나, 부모님께 효도하는 것도 인을 실천하는 모습이지요. 환경 보호나 자원봉사도 좋은 실천 방법입니다.

인을 실천하면 가까운 사람뿐만 아니라 사회에도 큰 도움이 됩니다. 우리 모두 일상의 작은 실천으로 인의 정신을 보이면 어떨까요?

도입에서 주제를 명확히 제시하고, 본론에서 내 생각을 구체적으로 제시하지요. 결론에서는 중요하게 생각하는 바를 한 번 더 강조하고요. 시간 배분이 적절한 데다 구체적인 실천 방법을 예시로 들었다는 점, 내 생각을 청중에게 직접 제안하며 끝맺었다는 점에서 훌륭한 1분 스피치 네요. 이 밖에 1분 스피치를 연습할 수 있는 일곱 가지 상황을 소개할게요. 상황마다 요구되는 말하기 방식이 조금씩 다르니 상황별로 나누어 연습시켜보세요. 말하기 실력은 거듭되는 연습을 통해 점점 더 좋아지 니까요.

- **설명/소개**: 어떤 것을 알기 쉽게 설명하거나 소개할 때 - 상대방이 이해할 수 있도록 차근차근 설명합니다.
- **주장**: 자기 의견을 논리적으로 제시할 때 - 근거를 담아 논리적으로 말합니다.
- **경험**: 자신이 겪은 일을 이야기할 때 - 시간 순서대로 벌어진 사건을 설명하면 이해하기가 수월합니다.
- **감정**: 자기감정을 표현할 때 - 어떤 상황에서 느꼈던 솔직한 감정을 담아 말합니다.
- **의지/약속**: 앞으로의 다짐이나 약속을 할 때 - 나의 마음가짐과 구체적인 실천 방법을 소개합니다.
- **성찰**: 자신의 행동이나 생각을 돌아볼 때 - 잘한 부분, 아쉬웠던 부분을 담아 앞으로 내가 어떻게 행동해야 할까 고민해서 말합니다.
- **칭찬/감사**: 다른 사람을 칭찬하거나 감사를 표현할 때 - 구체적인 상황이나 행동을 언급하며 진심을 담아 표현합니다.

역할극:
상상을 현실로 만드는 체험

초등학생들은 추상적인 개념을 이해하기에 앞서(형식적 조작기), 직접 대상을 보고 만지고 체험하면서 세상을 이해(구체적 조작기)해야 합니다. 초등학생에게 실제적인 조작 활동, 즉 체험 활동이 중요한 까닭입니다. 역할극처럼 자신이 직접 등장인물이 된 듯 체험하는 독서 활동이 아이들의 사고력 발달에 큰 도움이 되는 까닭이기도 하고요.

역할극은 실제적인 활동을 기반으로 삼아 상상력과 창의력을 자극하는 훌륭한 교육 도구입니다. 아이들은 역할극을 통해 다양한 상황을 간접적으로 체험하며, 그 속에서 자기 생각과 감정을 자연스럽게 표현하는 법을 배웁니다. 친구들과 하나의 작품을 만들어가는 과정에서 협동심과 의사소통 능력도 기를 수 있고요.

행운의 동전을 가진 손님들에게만 특별한 과자를 판매하며 펼쳐지는 환상적인 이야기 『이상한 과자 가게 전천당』(히로시마 레이코 글, 쟈쟈 그림, 김정화 옮김, 길벗스쿨)은 이러한 역할극 활동에 적합한 책이에요. 줄거리만 들어도 아이들의 상상력을 자극할 것 같지요? 지금부터 『이상한 과자 가게 전천당』을 활용한 재미있는 역할극 독서 활동을 알아봐요.

활동 ❶ 가상 인터뷰하기

먼저 작가 또는 등장인물을 만나면 물어보고 싶은 질문 목록을 뽑아봐요. 그중에서 몇 가지를 골라 기자가 작가 또는 등장인물을 질문하는 인터뷰를 글로 옮기게 만드는 것이지요. 이상한 과자가게 전천당의 주인, 베니코에게는 다음과 같은 질문을 던질 수 있겠네요.

- 왜 매일 한 명의 손님만 받나요?
- 마법의 과자는 어떤 과정을 통해 만드나요?
- 어쩌다가 과자가게를 시작하게 됐나요?

과연 아이들은 어떤 답을 할까요? 가상 인터뷰와 비슷한 활동으로 '핫시팅Hot Seating'도 추천해요. '핫시팅'이란 한 사람이 중심이 돼 다른 사람들의 질문을 받는 연극적 기법을 가리키지요. 마치 뜨거운 의자에 앉은 것처럼, 한 사람을 향해 긴장감 있게 질의응답이 오가는 모습에서 이런 이름이 붙었대요. 여러 명이 함께하므로 예측 불가한 상황이 전개된답니다. 작가 또는 등장인물의 역할을 맡은 아이에게 친구들이 즉석에서 질문하는 이 활동은 가상 인터뷰보다 더 생동감 있답니다. 순발력과 창의력을 키우는 데에도 도움이 되겠지요?

활동 ❷ 특정 장면 표현하기

책에서 가장 인상 깊은 장면을 생각해 연기한다고 생각하고 등장인물을 분석해보는 활동이에요. 『이상한 과자 가게 전천당』에서 마법의 과자를 먹고 인어로 변해가는 '인어 젤리'의 주인공 마유미를 예로 들어볼게요. 점점 인어로 변해가며 마유미는 어떤 감정을 느끼고, 무슨 표정을 지었을까요? 그 순간 주변 풍경은 어땠을까요? 그 순간, 구체적으로 어떻게 행동했을까요?

점점 물고기로 변해가는 상황에서 마유미는 무섭고 당황스러웠을 거예요. 인간으로 남을 수 있는 마지막 기회를 놓치지 않기 위해 애썼을 테니 급하게 움직였겠죠? 주변 물건을 떨어뜨렸을지도 몰라요.

구체적인 상상을 끝마친 뒤에는, 등장인물을 연기해봅니다. 단순히 대사만 읽는 것이 아니라, 인물의 표정과 몸짓을 구체적으로 묘사하게 해보세요. 신체 표현을 통해 등장인물의 감정을 더 생생하게 체험할 뿐 아니라 상황을 더 잘 이해할 수 있을 테니까요. 비슷한 상황에서 자기감정을 표현할 다양한 방법도 깨우칠 테고요.

'인물·사건·배경' 중 일부를 바꾸어 새로운 상황을 상상해보는 활동이에요. 『이상한 과자 가게 전천당』의 과자가게 주인 베니코의 성격이 달라진다면 이야기가 어떻게 달라질까요? 또는 배경이 과자가게가 아니라면? 예를 들어 편의점이라면 어떨까요? 이 활동에서는 틀에 갇히지 않은, 자유로운 상상이 무엇보다 중요하다는 사실을 주지하세요.

무엇을 바꿀지 정했다면, 아이에게 바뀐 상황에 맞춰 연극 대본을 쓰게 해보세요. 상황이 허락한다면 아이가 쓴 대본을 진짜 연극으로 구현해도 좋겠지요. 다만 연극 활동 시에는 재미만을 추구하는 활동으로 변질되지 않도록 아이에게 아래 주의사항을 꼭 유념시켜주세요.

- 줄거리에 어울리게끔 말하고 행동해야 한다.
- 관객을 존중해야 한다.
- 다른 배우들의 대사와 동작에 주의를 기울여 실제 대화를 하듯 연기한다.

# 그림 표현:
이야기를 시각화하기

영화처럼 어느 날 갑자기 특별한 능력이 생기는 상상, 한 번쯤 해보지 않았나요? 마법의 연필이 놀라운 글쓰기 재능을 선사하는 『빨강 연필』(신수현 글, 김성희 그림, 비룡소)은 바로 이 같은 상상이 실현된 상황을 보여줍니다. 지금부터 빨강 연필이 그려내는 마법 같은 상황을 시각화하는 독서 활동을 소개할게요. 독서 활동에 시각화visualization가 더해지면 상상력과 창의성을 발휘하며 뇌의 다양한 영역이 활성화되거든요.

활동❶ 최고의 장면 표현하기

『빨강 연필』에서 가장 인상 깊은 장면을 그려보게 하되, 보다 효과적인 그림 그리기를 위해 '그림의 표현 의도'부터 적어보라고 하세요. 민호가 처음으로 빨강 연필의 힘을 발견하는 장면을 그린다면 표현 의도는 다음과 같을 거예요.

- **표현하고 싶은 장면**: 민호가 빨강 연필을 처음으로 사용하는 장면
- **등장하는 인물**: 연필을 보며 신기해하는 민호
- **표현하려는 장면**: '도둑질이 왜 나쁜가?'라는 주제로 연필이 혼자 글쓰기 시작
- **사건의 배경**: 민호네 교실, 글쓰기를 제출하기 5분 전

표현 의도를 정리한 다음에는 어떤 부분을 특별히 강조할지 정해야 겠지요. 위 상황에서는 저절로 글쓰기를 하는 빨강 연필의 모습과 당황 했지만 신기함을 감출 수 없는 민호의 표정을 강조하면 좋겠네요. 평범 한 일상에 갑자기 찾아온 마법 같은 순간, 민호의 놀람을 생생하게 전달 하기 위해서요.

활동 ❷ 마인드맵으로 표현하기

아이가 그림에 자신 없어 한다면 마인드맵을 활용해봐요. 정중 앙에 '빨강 연필'을 적고, 이어서 주요 등장인물·사건·배경 등의 가지를 뻗어나가게 해보는 거예요. 요소마다 색깔을 구분하면 각 요소의 성격을 더 쉽게 파악할 수 있겠죠? 등장인물은 파란색, 사건은 빨간색, 배경은 초록색, 주제는 보라색 등으로 구분지어 표현한 다음 마인드맵처럼요.

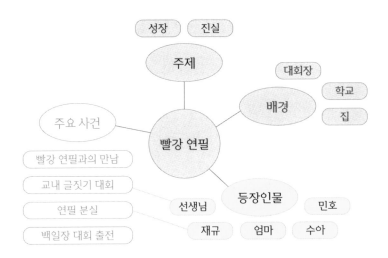

위 마인드맵에서는 연관된 요소끼리 서로 연결 지었어요. '선생님'은 '교내 글짓기 대회'와, '재규'와 '연필 분실'과 연결했지요. 이렇게 하니까 이야기의 흐름이 좀 더 명확히 파악되지 않나요? 각 요소 사이의 관계도 명확해지고요. 마인드으로 이야기의 구조를 한눈에 파악하게 해보세요.

활동❸ 스토리보드 그리기

스토리보드란 영화에서 주요 사건을 그림으로 표현하는 것을 가리켜요. 핵심 장면을 만화처럼 순서대로 그려봄으로써 한눈에 이야기 흐름이 들어오게 만드는 도구죠. 창작이 아니라 독후 활동에서도 스토리보드는 유용하게 사용할 수 있어요. 『빨강 연필』의 주요 장면들을 스토리보드 형식으로 표현해볼까요? 아이에게 장별로 가장 인상 깊은 장면을 고르라고 해보세요.

- **1장**: 민호가 실수로 수아의 유리 팽이를 깨뜨리는 장면
- **2장**: 민호가 빨강 연필로 글을 쓰는 장면
(중략)
- **21장**: 효주가 빨강 연필을 집고 교실 밖으로 나가는 장면

21개 중에서 상대적으로 중요하다고 여겨지는 장면을 네 개 또는 여섯 개 고르게 한 뒤, 만화처럼 스토리보드를 그려보라고 하세요. 각 장면 아래에 상황 설명을 더하고, 장면 속에는 말풍선이나 생각풍선을 넣어보면 더 좋아요. 민호가 처음으로 빨강 연필의 신비한 힘을 발견하는 장면을 예로 들어볼까요?

- **장면 설명**: 민호가 글을 쓰면서 처음으로 빨강 연필의 힘을 발견하는 장면
- **생각(생각풍선)**: '아니 이게 뭐야! 왜 연필이 혼자서 움직이지?'

스토리보드 작업 과정에서 아이들은 전체적인 사건의 흐름은 물론, 각 사건의 중요성도 파악하게 될 거예요.

프로젝트 독서:
목표를 향해 나아가는 책 읽기

　　어떤 주제를 심도 있게 탐구하고, 그 결과를 기반으로 목표로 나아가는 것을 프로젝트 학습이라고 해요. 이 같은 프로젝트 학습의 특성을 독서 활동에 접목해볼 순 없을까요? 이번 꼭지에서는 1992년 프랑스에서 처음 출간돼 14개국에서 번역된, 거인들의 나라를 찾기 위해 떠난 영국 지리학자의 여행기인 『마지막 거인』(프랑수아 플라스 글, 윤정임 옮김, 디자인하우스)이라는 책을 통해 '자연과 인간의 공존'이라는 주제로 프로젝트 독서를 하는 방법을 소개할게요.

　　참고로 프로젝트 독서에는 몇 가지 특징이 있습니다. 일단 프로젝트 독서 활동은 독립적이지 않아요. 언제나 다른 활동과 연계되지요. 그러니 각 독서 활동 시작 전후에 궁극적인 프로젝트 독서의 목적을 되새길 필요가 있어요. 그래야 방향성을 잃지 않거든요. 더불어 매 활동 마무리 단계에서 아이에게 어떻게 생각이 변화했는지, 무엇을 배웠는지 돌아보게 해주세요. 아이들의 성장을 확인하고, 앞으로의 프로젝트 방향을 설정하는 것이지요. 아이들이 '지금 당장 내가 무엇을 할 수 있을까?', '어떤 결과물을 만들어낼 수 있을까?', '문제 상황을 해결하기 위한 구체적인 방법에는 무엇이 있을까?' 고민하게 됐다면, 프로젝트 독서 활동을 성공적으로 마무리했다고 할 수 있을 거예요.

활동 ❶ 당장 실천 가능한 것 고민하기

『마지막 거인』은 인간의 호기심과 욕망이 자연을 어떻게 파괴하는지 보여주며 나날이 심각해지는 환경 문제를 위해 오늘날 우리가 할 수 있는 일을 고민해보게 만드는 책이에요. 이 책을 읽은 아이에게 자연과의 공존을 위해 노력할 방법이 무엇인지 적어보게 하세요.

- **일회용품 사용 줄이기**: 개인 텀블러와 장바구니 사용하기
- **에너지 절약하기**: 불필요한 전등 끄기, 엘리베이터 대신 계단 이용하기
- **분리수거 철저히 하기**: 재활용 물품 제대로 분류하기, 음식물 쓰레기 줄이기
- **지역 환경 정화 활동에 참여하기**: 동네 공원 청소하기, 하천 정화 활동 참여하기

아이가 적은 목록에서 하나를 골라 최소한 2주 정도 온 가족이 함께 실천해보세요. 그리고 느낀 점에 더해 알게 된 점과 궁금한 점 등을 자유롭게 기록하게 해보세요. 이 같은 독서 활동으로 아이는 환경 보호가 특별

한 누군가가 아니라, 우리 모두의 책임이라는 것을 깨닫게 될 테니까요.

활동 ❷ 프로젝트 결과물 제작하기

책에서 느낀 점을 활용해 다양한 결과물을 만들어봅시다. 문제 해결에 직접적으로 사용되는 것도 좋고, 주변에 상황을 알리기 위한 것도 좋아요. 제작된 결과물은 주변에 나눠주면 어떨까요? 주변 피드백으로 개선점을 알게 되면 더 나은 결과물을 만들 수도 있을 테니까요. 결과물이 실물이 아니라면 학급이나 도서관 전시 또는 SNS 공유를 통해 많은 사람들에게 프로젝트 독서 활동의 메시지를 전달해도 좋겠네요.

■ 굿즈 제작하기

인터넷으로 검색해보면 굿즈를 소량으로 제작해주는 업체들을 찾을 수 있어요. 필기류, 텀블러와 컵, 다이어리 등 다양한 제품의 제작이 가능하죠. 책 속의 인상 깊은 구절이나 아이의 독후감이 적힌 굿즈를 제작해보세요. 저는『마지막 거인』속 '환경을 지킬 수는 없었니?'라는 문구가 적힌 텀블러를 만들어보고 싶네요.

② 멸종 위기 동물 포스터 만들기

도화지나 색지에 멸종 위기 동물 사진을 프린트해 붙이고, 각 동물의 특징과 멸종 위기에 처한 이유, 보호 방법 등을 적게 해보세요. 금세 멋진 포스터가 완성되니까요. 사진은 인터넷에서 찾아 프린트하거나, 멸종 위기 동물을 소개하는 책이나 잡지를 오려서 구하면 되겠죠.

❸ 멸종 위기 동물 달력 제작하기

매달 다른 멸종 위기 동물을 주제로 시중 달력을 꾸미고, 동물 사진과 함께 간단한 설명을 덧붙이게 해보세요. 아이가 컴퓨터 사용을 잘한다면 달력 제작 사이트에서 주문 제작해도 괜찮아요.

활동❸ 더 나은 방법 제안하기

책 속의 문제 상황을 해결할 방법은 무엇일까요? 학교 또는 우리 지역의 개선점을 찾아보고, 관련 기관에 제안하게 해보세요. 맞아요, 민원 제기를 해보는 것이지요. 관련 기관의 민원 게시판에 글을 올리거나 하는 식으로요.

초등학생 수준에서는 문제 상황 공유만으로도 훌륭하다고 할 수 있지만, 가능하다면 해결책도 함께 제시하게 해보세요. 이 같은 해결책이 왜 유용한지, 어떤 효과를 기대할 수 있는지, 실행 가능한 방안은 무엇인지 자세히요. 사례나 통계 자료를 활용하면 더욱 설득력 있겠지요? 예를 들어 전봇대 아래나 골목 구석에 쓰레기가 불법으로 버려지는 공간을 발견했다면, 근처에 쓰레기통을 설치해달라고 제안할 수 있겠죠.

독서 대화:
생각을 확장하는 시간

　　오래전에는 레오나르도 다빈치처럼도 혼자서 다양한 분야에서 뛰어난 업적을 남길 수 있었지만, 세상이 너무 복잡해진 오늘날에는 혼자서 가능한 일이 별로 없어요. 하나의 서비스를 제공하는 데에도 수많은 사람의 협업이 필요하잖아요. 이 같은 협업 과정에서 가장 필요한 것이 무엇일까요?

　　저는 '대화'라고 생각해요. 정보 교환에 더해 서로 생각과 감정을 나누고 새로운 발상이 가능하게 만들어주는 중요한 소통 도구인 대화는 독서에도 매우 중요해요. 독서를 마치고 나누는 대화는 새로운 관점의 발견과 생각의 확장에 도움을 주니까요.

　　"대화가 꼭 필요한가요? 저만 잘하면 되잖아요. 대화를 안 해도 충분히 잘할 수 있는데, 다른 사람과 대화하는 방법을 꼭 알아야 할까요?"

　　혹시 이렇게 질문하는 아이가 있다면 다음과 같이 설명해주세요.

"서로 다른 의견을 가진 사람들이 대화하며 더 나은 해결책을 찾을 수 있지 않을까? 각자가 가진 지식과 경험을 나누면 더 멋진 결과물을 만들 수도 있잖아. 혼자서는 불가능했을 새로운 발상도 가능해지고. 우리가 아는 수많은 제품이 이 같은 대화로 만들어졌단다."

이런 설명도 가능하겠죠.

"대화는 서로를 이해하고 함께 성장하는 가장 좋은 방법이야. 서로를 신뢰하게 만드는 가장 효과적인 방법이기도 하지."

만약 저에게 이런 질문을 하면 타인과 소통하면서 행복해질 수 있다고 설명해주고 싶지만요. 대화는 서로를 이해하고, 관계가 깊어지게 만드는 첫걸음이잖아요.

'포근함·사랑·미움·화·짜증·행복·슬픔' 등 다양한 감정을 색깔과 연관 지어 설명하는 『42가지 마음의 색깔』(크리스티나 누네스 페레이라 외 글, 남진희 옮김, 가브리엘라 티에리 외 그림, 레드스톤)을 읽고 아이와 대화를 나눠보세요. 감정마다 간단한 설명과 함께 그림이 곁들어져 있어 나이가 어려도 쉽게 이해할 수 있는 이 책을 통해 아이가 자기감정을 더 잘 인식하고, 표현할 수 있도록 대화하는 법을 알아봅시다.

활동❶ 줄거리 대화하기

둘이서 짝을 이뤄 본인이 읽고 있는 책 내용을 설명해보라고 하세요. 한 명이 먼저 책을 읽고, 다른 친구에게 내용을 설명해보는 활동이죠. 주요 내용과 인상 깊은 부분을 중심으로 대화해보라고 하세요. 절대로 둘이 함께 책을 읽기 시작해서는 안 되는 것은 아니지만, 듣는 사람이 주관적으로 판단하지 않도록 설명할 사람만 먼저 책을 읽는 것을 추천합니다.

> 이 책에는 42가지 감정이 소개돼요. 각 감정을 그림을 이용해서 친절하게 설명해주기 때문에 읽는 사람이 쉽게 이해할 수 있어요. 또 신기한 것은 감정끼리 서로 연결해서 설명한다는 점이에요. 저는 '사랑'을 설명한 부분이 가장 기억에 남아요. 사랑이 모든 감정 중에서 가장 강하다고 말하고 있거든요.

청자가 설명을 짧게 정리해 글로 써본 뒤, 함께 책을 살펴보면서 잘 전달된 부분과 누락된 부분을 알아봅니다. 이 과정을 통해 아이들은 같은 책을 읽더라도 각자 다르게 이해하고 해석할 수 있다는 사실을 깨달을 수 있습니다.

활동 ❷ 질문 대화하기

아래 두 단계를 따라서 질문을 만들고 생각을 나누어볼까요? 1단계는 책 내용에 대한 다양한 유형의 질문을 만들어보는 것입니다. 질문 유형은 다음 표를 참고하세요.

다양한 질문 유형	
내용 질문	"이 책에서 다루는 감정은 총 몇 가지인가요?" "책에서 행복은 어떻게 소개되나요?"
적용 질문	"책에서 알게 된 감정 표현 방법을 어떻게 활용할 수 있을까요?" "내가 자주 느끼는 감정은 무엇인가요?"
우리나라	"여기에 소개된 감정을 어떻게 분류할 수 있을까요?" "슬픔과 기쁨은 어떤 공통점과 차이점이 있나요?"

∗ 각각의 질문을 만드는 방법은 166쪽 '질문 만들기'에 상세히 설명돼 있습니다.

2단계는 1단계에서 질문 중에 이야기하고 싶은 질문을 하나 고르고, 대화해보는 것입니다.

> 보호자: 요즘 어떤 감정을 주로 느끼는 것 같아?
>
> 아이: 저는 후회 감정을 자주 느껴요. 스마트폰 때문에 숙제를 제때 못하는 경우가 많거든요.
>
> 보호자: 나는 기쁨을 자주 느껴. 우리 ○○이의 모습을 볼 때 기쁘거든!
>
> 아이: 저도 가족들과 함께 시간을 보낼 때 기분이 좋아요.

예시에서는 보호자(다른 사람)의 생각을 듣고 내 생각을 수정·보완하고 있지요? 이처럼 질문을 만들어보고, 대화하는 활동은 다양한 생각을 이끌어내는 데 매우 유용해요. 그러니 아이가 자신의 생각을 표현할 때는 '왜 그렇게 생각하는지에 대한 이유'도 함께 설명하게 해보세요.

활동 ❸ 문제 만들기 대화하기

책을 창의적으로 읽히고 싶다면 '문제 만들기 대화'를 해보세요. 문제를 만들려면 우선 책 내용을 정확히 파악하고 있어야겠죠. 서로가 만든 문제를 비교해보고, 정답에 대한 대화를 나눠보세요. 아래는 『42가지 마음의 색깔』로 만들어본 문제의 예시예요. 각각의 문제를 만드는 방법은 204쪽 '퀴즈 활용하기'에 상세히 설명돼 있습니다.

- **O/X 문제**: 『42가지 마음의 색깔』에서는 40가지의 감정이 소개됩니다. (O/X)
- **객관식 문제**: 다음 중 책에 소개된 기쁨의 특징은 무엇인가요?
  ① 기쁨은 신나는 일을 만날 때 느낄 수 있어요.
  ② 우리는 하루에도 여러 번 기쁨을 느낄 수 있어요.
  ③ 기쁨의 반대말은 눈물이에요
- **주관식 문제**: 친구가 약속을 어기면 어떤 감정을 느끼게 될까요?
- **빈칸 문제**: 당황하면 앞으로 무슨 일이 일어날지 모르기 때문에 (   )으로 이어지기도 해.

독서 토의·토론: 생각을 조율하는 대화의 장

적지 않은 사람이 '이기기 위해' 토의나 토론을 한다고 생각하지만, 진정한 토의·토론은 더 나은 방향을 찾기 위해 생각을 조율하는 과정이에요. 이게 바로 초등학생 때부터 건강한 토의·토론 능력을 길러야 하는 까닭이지요. 다른 사람을 존중하되 정해진 절차에 따라 적절한 근거와 함께 자기 생각을 논리적으로 전달하는 태도가 민주 시민의 기본 소양이잖아요? 이런 능력을 기르려면 의도적인 교육과 연습이 필요하지요.

활동 ❶ 토의·토론 기법 연습하기

학급의 사고 때문에 유나의 이마에 흉터가 생긴 뒤, SNS 익명 계정 '햇빛초 대숲'에 난타반 아이들이 속마음을 털어놓으면서 사고의 진실을 둘러싸고 갈등하는 이야기인 『햇빛초 대나무 숲에 새 글이 올라왔습니다』(황지영 글, 백두리 그림, 우리학교)는 토의ㆍ토론 활동에 적합한 책이에요. 유나, 민설, 건희라는 세 친구를 통해 초등학생들의 복잡한 친구 관계와 내적 갈등을 섬세하게 그려낼 뿐 아니라 '어떻게 소통해야 하는지'에 대해 고민하게 만들거든요. 지금부터 토의ㆍ토론에서 주로 활용하는 몇 가지 기법을 소개할게요.

■ 신호등 토론

초록(찬성), 노랑(중립), 빨강(반대)의 카드로 자기 의견을 표현하는 기법이에요. 어떤 의견에 대한 생각을 쉽게 표현할 수 있어, 의견 분포와 변화 과정을 파악하는 데 매우 유용하지요. 예를 들어, '대나무 숲 같은 익명 소통 공간은 꼭 필요한가요?'란 주제에 대해 책을 읽기 전과 읽고 난 후 다음과 같이 의견이 바뀔 수 있어요.

- **읽기 전**: 녹색(찬성)-소극적인 아이들도 자기 생각을 자유롭게 드러낼 수 있는 익명 소통 공간은 꼭 필요하다.
- **읽은 후**: 노란색(중립)-정해진 규칙을 제대로 지키지 않으면 익명 소통 공간에서는 큰 문제가 생길 수도 있으니 조심해서 활용해야 한다.

■ 모서리 토의

종이의 네 공간에 다양한 문제 해결책을 적어보는 활동이에요. 각각의 해결책에는 장단점을 적어보고요. 여러 해결책의 장단점을 비교해보고, 가장 최선의 방법을 선택할 수 있다는 것이 장점이지요. 여러 명이 모여서 모서리 토의를 진행한다면, 같은 의견을 가진 사람들끼리 모여 의견에 대해 더 구체적으로 선택의 근거를 마련할 수도 있겠죠?『햇빛 초 대나무 숲에 새 글이 올라왔습니다』속 유나의 상황을 예로 든다면 아래와 같은 토의가 가능하겠네요.

내가 유나라면 건희와 민설이의 갈등 상황에서 어떻게 대처할까?

건희 편들기

장점: 같은 반 짝인 건희와 더 가깝게 지낼 수 있다.

단점: 작년 친구인 민설이와 사이가 어색해진다.

민설이 편들기

장점: 작년부터 친했던 민설이와 계속 사이좋게 지낼 수 있다.

단점: 같은 반 짝인 건희와 사이가 어색해진다.

다른 사람에게 도움 요청하기
(친구, 선생님)

장점: 친구나 어른들의 도움으로 객관적으로 문제를 해결할 수 있다.

단점: 셋만의 문제를 더 크게 만들었다고 두 친구 모두에게 비난받을 수 있다.

가만히 있기

장점: 당장의 갈등 상황에 휘말리지 않을 수 있다.

단점: 시간이 지날수록 오해가 쌓여 문제가 더 커질 수 있다.

---

❸ 줄다리기 토론

찬반 양쪽 입장을 고려해보는 활동이에요. 양측의 입장을 모두 고려해봄으로써 균형 잡힌 시각과 상대방의 입장을 이해하는 능력도 키울 수 있는 활동이지요. 알아보기 쉽게 찬반 입장을 표로 설명했어요.

다른 사람에게 내 생각을 솔직하게 표현하는 건희의 성격은 바람직한가요?	
바람직하다	바람직하지 않다
• 내 생각을 숨기는 것은 거짓이기에 잘못됐다. • 내가 하는 말로 상대방이 스스로의 잘못을 알아차릴 수 있다.	• 다른 사람에게 상처를 주는 말을 해서는 안된다. • 성숙한 사람은 상대방을 존중하며 말한다.

활동❷ 독서 토의하기

독서 토의의 진행 순서는 다음과 같아요. 일단 이야기 속 문제 상황 설정하고, 문제 해결을 위한 다양한 아이디어 떠올리게 해주세요. 그다음에 최선의 해결책 선정해보는 것이지요. 『햇빛초 대나무 숲에 새 글이 올라왔습니다』를 읽꼬 나서 가능한 독서 토의 주제는 무엇이 있을까요?

지금부터 'SNS상의 갈등을 줄이려면 어떤 노력을 해야 할까요?'를 주제로 구체적인 토의 진행 상황을 소개하겠습니다. 먼저 책에서 나타

난 SNS 갈등 상황을 구체적으로 찾아봐야겠지요? 이야기 속에서 구체적인 갈등 상황을 찾았다면, 해결 방안을 다양하게 고민해봐야 합니다. 마지막으로, 제시된 의견들 중 가장 효과적인 해결책을 선정하면 토의가 성공적으로 마무리됐다고 할 수 있겠죠. 아래 예시를 참고해 아이들과 성공적인 독서 토의 활동을 해보세요.

보호자: 이야기 속에서 SNS로 인해 어떤 갈등이 있었니?

아이: 유나의 사고 이후 아이들이 익명으로 글을 올리면서 오해가 깊어졌어요.

보호자: 비슷한 일이 직접 보거나 겪은 적이 있니?

아이: 한 친구가 다른 친구를 SNS에서 공개적으로 비난해서 문제가 된 적이 있어요.

보호자: 어떻게 하면 이런 일을 방지할 수 있을까?

아이: SNS 사용 규칙을 정하면 좋겠어요. 익명 댓글을 작성을 금지하는 것처럼요.

보호자: 주기적으로 SNS 사용 방법을 알아보는 시간을 가지는 것도 괜찮을 것 같구나.

아이: 외국의 한 SNS 기업은 2025년부터 10대들의 계정을 비공개로 전환했어요. 아직 절제력이 부족한 아이들에게는 좋은 방법이 될 수 있다고 생각해요.

보호자: 제시된 의견 중에서 가장 효과적인 방법은 무엇일까요?

아이: SNS 사용 규칙을 정하고, 주기적으로 SNS 사용 방법을 배우는 시간을 갖는 것이 좋겠어요. 규칙을 처음부터 지키기는 어려울 수도 있으니까요.

    토의 다음에는 등장인물의 말과 행동, 규칙 또는 상황에 대한 옳고 그름을 토론으로 평가해보도록 해요. 일단 토론 주제를 정해야겠지요? 주제를 정한 다음에는 주장과 근거를 논리적으로 제시할 수 있도록 해야 하고요. 마무리할 때는 모두의 의견을 정리해야겠죠. 그럼 지금부터 '학생들의 익명 SNS 사용을 허용해도 될까요?'라는 주제로 구체적인 토론 상황을 묘사해보겠습니다.

사회자: 『햇빛초 대나무 숲에 새 글이 올라왔습니다』에서는 익명 SNS 사용 때문에 문제 상황이 펼쳐졌습니다. 그래서 '학생들의 익명 SNS 사용을 허용해도 될까요?' 라는 주제로 토론을 한번 해봤으면 좋겠습니다.

아이1: 저는 익명 SNS 사용에 찬성합니다. 그래야 평소에 말하지 못했던 고민을 자유롭게 털어놓을 수 있죠. 유나도 익명이기에 속마음을 솔직하게 표현할 수 있었어요.

아이2: 저는 반대입니다. 익명성을 악용해서 다른 사람을 비방하거나 거짓말하는 사람이 나타날지도 모르잖아요. 책에서도 익명 게시판에 올라온 글 때문에 오해가 점점 더 깊어졌다고요.

아이3: 익명 SNS 사용은 자신의 의견을 자유롭게 드러낼 수도 있다는 점에서 장점을 가지고 있지만, 누군가에게 쉽게 상처를 줄 수 있다는 점에서 뚜렷한 단점을 가지고 있습니다. 그러니 익명 SNS 사용 규칙을 정하되, 잘 지켜지지 않을 때 사용 금지를 고려하는 게 어떨까?

토의와 토론 모두 특정 목표에 도달하기 위한 의사소통 방식으로, 적절한 근거를 제시하며 주장해야 한다는 공통점이 있지만, 진행 방식에서 아래와 같은 차이가 있어요.

토의	특징	토론
토의와 토론은 어떻게 다른가요?		
공동의 문제 상황을 해결하기 위한 해결책을 논의합니다.	목적	찬반 입장을 정하고, 그에 대한 자신의 근거를 제시합니다.
더 나은 합의점에 도달하게 위해 다양한 의견을 수용하는 협력적이고 개방적인 성격을 보입니다.	성격	한 가지 의견(찬성 또는 반대)으로 도달하기 위해 경쟁적이고 대립적인 성격을 보입니다.
비교적 열린 분위기 속에서 자신의 의견을 제시합니다. (문제 인식-해결 방안 모색-합의 도출)	과정	정해진 규칙과 절차에 따라 의사소통이 진행됩니다. (주장 제시-반박-재반박-정리)

둘 다 복합적인 의사소통 능력과 상대를 배려하고 존중하는 태도가 요구되는 어려운 활동이지만, 어렵다고 간과해서는 안 되는 활동이기도 해요. 토의와 토론의 규칙과 절차는 건강하고 합리적으로 의사소통을 하기 위해 반드시 익혀야 하는 민주 시민의 기본 소양이니까요.

5장

몰입하는
아이를
만드는 독서

"어제부터 책을 읽기 시작했는데, 마지막 장이 넘어갈 때까지 손에서 놓지 못했어요." 아이가 이처럼 말하는 '독서 몰입'을 꿈꿔본 적이 있나요? 솔직히 아이들 주변에는 책보다 더 매력적인 것들이 널려 있습니다. 유튜브, 게임, SNS 등등. 즉각적으로 재미를 느낄 수 있는 미디어들이 아이들의 관심을 사로잡고 있잖아요. 그렇다면 아이들을 독서에 빠져들게 할 수는 없는 걸까요?

'의미 있는 몰입'이 가능하다면, 불가능한 일은 아닙니다. 독서를 통해 성장하고 있음을 느낄 때 아이들도 놀라울 만큼 깊이 몰입하게 되거든요. 즐거움을 발견한 아이는 스스로 책을 찾아 읽게 되겠지요. 이번 장에서는 아이들이 독서에 자연스럽게 몰입할 수 있도록 돕는 방법을 네 단계로 나누어 소개합니다.

1단계는 독서 동기 만들기입니다. 작은 성취로 독서의 즐거움을 깨우쳐주며, 책 속의 의미들을 발견함으로써 독서에 대한 동기 부여가 가능하게 만듭니다.

2단계는 독서 깊이 더하기입니다. 관심 분야에 대한 전문성을 키우고, 독서의 흔적을 남기며 배움을 내면화하는 단계지요.

3단계는 독서 습관 형성하기입니다. 독서하는 일상생활이 가능한 환경을 만들고, 아이가 독서를 생활화하게 만드는 과정입니다.

4단계는 독서 나누기입니다. 다른 사람들과 독서의 즐거움을 나누고 독서를 통해 세상에 기여하며 독서의 가치를 확장합니다.

이제부터 4단계를 따라 아이를 능동적인 독서가로 변신시켜볼까요?

# 성장:
앞으로 조금씩 나아가기

여기 두 사람의 대화를 소개하겠습니다. 둘의 태도에 어떤 차이를 찾을 수 있나요?

> 사람1: 난 그 일을 해본 적도 없는 걸? 현실적으로 성공하는 게 어려워 보여.
> 사람2: 걱정 마, 우리는 방법을 찾을 수 있을 거야. 일단 한번 해보자.

교육 심리학자 캐롤 드웩Carol Dweck 교수는 사람들의 생각 방식을 두 가지로 구분했습니다.

- **고정형 사고방식**fixed mindset: 자신의 능력이 고정되어 있다고 믿는 태도입니다. 태도를 가진 사람은 실패를 두려워하며 새로운 도전에 익숙하지 않습니다. 비판을 공격으로 받아들이는 경향이 있습니다.

• **성장형 사고방식**growth mindset: 노력과 학습으로 능력이 발전될 수 있다고 믿는 태도입니다. 성장형 사고방식을 가진 사람은 도전을 일종의 기회로 여기며, 실패를 배움의 과정으로 받아들입니다. 다른 사람의 비판 속에서 자신을 개선할 방법을 찾습니다.

앞으로의 세상에는 새로운 것을 배워나가는 환경 적응 능력이 더욱더 중요해질 것입니다. 빠르게 변화하는 현대 사회에서는 상황에 따라 필요한 능력과 지식이 계속해서 달라질 테니까요. 이에 초등학생 때부터 결과보다 과정에 집중하는 태도를 기르며, 성장형 사고방식을 갖게 하는 것이 중요합니다.

지금부터 지구상 마지막 남은 흰바위코뿔소 노든이 펭귄 치쿠가 돌보던, 버려진 알에서 태어난 어린 펭귄과 함께 바다를 찾아가는 여정이 담긴 『긴긴밤』(루리 글·그림, 문학동네)을 통해 성장의 진정한 의미를 깨우치는 독서 활동을 해볼까요? 서로 다른 존재가 여러 번의 '긴긴밤'을 통해 사랑과 연대의 중요성을 깨는 과정을 담고 있는 이 책을 읽으며 아래 세 가지 활동을 병행해보세요.

활동❶ 인물의 변화 찾기

보호자: 이야기 속에서 노든과 펭귄이 어떻게 변해갔는지 찾아볼까? 먼저 노든은 처음에 어떤 마음이었어?

아이: 가족을 잃고 인간을 미워하는 마음이었어요.

보호자: 그랬지. 그런데 이야기가 진행되면서 노든의 마음이 어떻게 달라졌니?

아이: 아기 펭귄을 돌보면서 마음이 점점 부드러워졌어요. 과거의 아픔도 이겨낼 수 있게 됐고요.

보호자: 그럼 이번엔 아기 펭귄에 대해 이야기해볼까? 아기 펭귄은 어떻게 자랐어?

아이: 처음에는 아무것도 못했지만 노든이 가르쳐준 대로 하나씩 배웠어요. 먹이도 찾고, 위험도 피하고, 수영하는 법도 배웠죠.

보호자: 맞아. 둘 다 참 많이 성장했구나. 서로에게 의지하면서 조금씩 변화한 거야.

이렇게 등장인물의 변화를 알아보는 활동은 두 가지 중요한 깨달음을 안겨줍니다.

첫째, 모든 성장에는 시간이 필요하다는 것입니다. 노든이 마음의 상처를 치유하고 펭귄이 혼자 설 수 있게 되기까지 '긴긴밤'이 필요했던 것처럼, 인간의 성장에도 시간이 필요하지요.

둘째, 성장은 혼자가 아닌 함께 이루어진다는 것입니다. 노든과 펭귄이 서로에게 의지하며 성장했듯이, 우리도 주변의 도움을 받으며 자라납니다. "노든은 어떻게 변했을까?", "펭귄은 무엇을 배웠을까?" 같은 질문의 답을 고민해봄으로써 아이 스스로 변화의 과정을 되짚어볼 수 있도록 도와주세요.

　　긴긴밤을 겪으며 성장하는 등장인물들처럼, 우리 아이도 매일 조금씩 성장합니다. 성장한다는 것은 아이만의 튼튼한 집을 짓는다는 것을 뜻합니다. 그 집은 마음, 습관, 전문성으로 구성되어 있습니다. 외부의 변화에도 흔들리지 않는 단단한 마음, 스스로를 바로 세워주는 건강한 습관, 것, 앞으로 나아가기 위한 자신만의 전문성. 아이가 성장하려면 이 세 가지가 필요하거든요.

집을 구성하는 토대(마음), 기둥(습관), 지붕(전문성)을 각각 성장시키기 위한 구체적인 계획을 세우고 실천함으로써, 아이는 스스로의 성장을 직접 성찰하며 성장형 사고방식을 기를 수 있습니다. 아기 펭귄의 성장을 참고하여 아이와 함께 성장 계획을 작성해볼까요?

성장 계획		
	아기 펭귄의 성장	나의 성장
마음 성장	혼자서 앞으로 나아가는 용기	실수해도 다시 도전하기, 매일 감사한 일 하나씩 찾아보기
습관 성장	매일 조금씩 앞으로 나아가는 습관	매일 30분 독서 하기, 아침에 일찍 일어나기
전문성 성장	혼자서 살아남는 기술	수학 문제 하루 3개 풀기, 영어 단어 매일 5개 외우기

아기 펭귄이 생존에 필요한 기술을 하나씩 배워나가듯이, 아이에게 구체적이고 실천 가능한 목표를 세워보게 하세요. 이때 목표는 매일 실천할 수 있는 쉬운 것으로 정해야 합니다. 마음 성장은 용기와 자신감을 키우는 활동으로, 습관 성장은 일상에서 꾸준히 할 수 있는 활동으

로, 전문성 성장은 특정 분야의 실력을 높이는 활동으로 구성하면 좋겠지요. 이렇게 세운 목표는 '성장 체크리스트'로 만들어보세요. 아기 펭귄이 한 걸음, 한 걸음 바다를 향해 나아갔듯이 아이도 자신만의 속도로 성장해나가게 될 거예요.

활동❸ 성장 기록 남기기

성장을 위한 노력은 작심삼일作心三日이 되는 경우가 많습니다. 당장의 눈에 보이는 결과물이 없기 때문이지요. 그러면 무엇이 있어야 '작심오일作心伍日', '작심오십일作心伍十日' 나아가 '작심삼십일作心三十日'로 이어질 수 있을까요? 저는 성장 기록을 추천합니다. 기록이 행동 목표를 꾸준히 실천할 수 있는 동기 부여로 이어지니까요. 작은 성취의 축적을 눈으로 확인하는 일이 쉽게 포기하지 않는 마음가짐으로 이어지기도 하고요. 이를 통해 아이들의 장기적인 성장과 발전을 이끌어낼 수 있습니다. 그렇다면 성장을 확인하기 위해서는 어떤 기록을 남기면 좋을까요?

◼ 성장 통장

아이가 성장 통장에 매일 자신의 감정과 노력의 정도를 점수로 표현하게 해보세요.

- 오늘 새로운 단어를 10개 배웠다(+10점)
- 친구에게 먼저 다가가 도움을 줬다(+15점)

2 성장 일기

성장 통장을 참고하여 일주일에 한 번 정도 성장 일기를 작성하게 합니다. '이번 주에 배운 점', '이번 주에 극복한 어려움', '다음 주에 도전하고 싶은 것' 등을 적으며 나를 돌아보고, 새로운 한 주를 계획할 수 있습니다.

3 성장 나눔회

한 달에 한 번 온 가족이 모여 성장 나눔 모임을 진행할 수 있습니다. 이번 달이 시작될 때 세운 계획과 비교하여 각자 얼마나 달성했는지, 그 과정에서 어떤 노력을 했는지 공유해보는 것이지요.

성장 체크 리스트

	마음 성장	습관 성장	전문성 성장
	하루 1가지 감사한 일 찾기	매일 30분 책 읽기	수학 문제 하루 3개 풀기
월			
화			
수			
목			
금			
토			

의미 찾기:
책에서 보물찾기

　　'교육 활동'을 계획할 때는 재미와 의미 찾기가 매우 중요합니다. 이 두 요소가 균형을 이뤄야만 아이들의 참여도와 학습 효과가 높아지니까요. 독서 활동 계획 시에도 당연히 재미와 의미 모두 고려해야 합니다. 다만 '의미'를 찾기가 쉽지만은 않습니다. 독서 활동에서의 '의미 찾기'는 '주제 찾기'만을 가리키지 않거든요. 아이들은 책 속 등장인물들의 말과 행동을 자기 삶과 연결 지을 수 있을 때, 진짜 그 책의 의미를 발견하니까요. 그렇다고 '재미'가 등한시해서도 안 되지요. 재미있는 활동은 아이들의 독서 몰입을 돕는 훌륭한 도구니까요.

　　지금부터 무리에서 쫓겨난 어린 암사자 와니니가 아프리카 초원을 떠돌며 겪는 모험과 시련을 그린 동화『푸른 사자 와니니』(이현 글, 오윤화 그림, 창비) 속에서 아이들의 삶과 연계된 용기와 성장의 의미를 발견하게 해볼까요?

마음에 드는 문장을 고르는 과정은 아이가 책 내용을 자기 경험이나 감정과 연결 짓는 첫 단계입니다. 그 문장에 대해 이야기해보면 아이는 본인이 선택한 문장의 의미를 더 깊이 생각해보게 되지요. 왜 그 문장이 마음에 들었는지, 그 문장이 자신에게 어떤 의미로 다가왔는지 돌아보면서 책 내용을 되새기게 됩니다.

보호자: 마음에 꽂히는 한 문장을 골라볼래?

아이: "어떻게 살지 선택하는 건 우리 자신이야"라는 문장이 가장 기억에 남아요.

보호자: 왜 그 문장이 기억에 남았을까?

아이: 너무 겁먹지 말고 앞으로 나아가면 된다고 응원해주는 것 같아요.

보호자: 그 문장을 보면 어떤 장면이 떠올라?

아이: 사자들이 바위 위에서 우렁차게 포효하는 모습이 그려져요.

이어서 문장에서 떠오른 장면을 그림으로 표현해보게 하세요. 아이들은 같은 장면도 저마다 다른 방식으로 상상합니다. 대화에서 소개한 '어떻게 살지 선택하는 건 우리 자신이야'라는 문장을 보고, 어떤 아이는 용감한 사자의 모습을 그리지만, 또 다른 아이는 평화로운 초원의 모습을 그리지요. 같은 문장을 보고 서로 다른 그림을 그리는 모습을 보고, 아이들은 자연스럽게 자신만의 관점을 인식하게 됩니다.

　　아이들과 오늘 하루에 대해 이야기하는 과정에서도 책을 활용할 수 있습니다. 여기서 아이들은 책에서 얻은 교훈을 실제 삶에 적용하는 방법을 자연스럽게 익히게 됩니다. 책이 지닌 가치에 대해서도 더 깊이 이해할 수 있겠지요. 아이와 함께 『푸른 사자 와니니』를 함께 읽은 뒤 나누는 대화를 예시로 들어볼게요.

> 보호자: 오늘 회사의 새 부서로 이동했어.
>
> 아이: 어떠셨어요?
>
> 보호자: 새로운 사람들이랑 적응하려니 조금 두렵기도 하지만, 용기 내보려고 해.
>
> 아이: 저도 응원할게요. 와니니처럼 잘하실 수 있을 거예요. 책에서도 어떻게 살지 선택하는 건 우리 자신이랬어요.
>
> 보호자: 응원 고마워.

　　물론 이런 대화가 자연스럽게 이루어지지는 않습니다. 아이들이 일상생활에서 자연스럽게 책의 내용을 떠올리고 적용하기 위해서는 의식적인 연습이 필요하지요. 보호자가 책의 내용을 일상에 적용하는 모습을 먼저 보여주며 "와니니라면 어떻게 했을까?", "이 상황이 책에서 본 것과 비슷하지 않니?" 질문해보세요. 질문에 답변하다 보면 아이들도 점차 본인의 일상과 책 내용을 연결 짓게 될 테니까요.

책을 읽고 실천하고 싶은 것을 딱 한 가지 찾아보게 하세요. 『푸른 사자 와니니』의 주인공 와니니가 새로운 일에 도전하는 것처럼, 아이도 새로운 운동, 취미, 공부, 친구 관계 등에서 도전할 것을 찾아볼 수 있습니다.

보호자: 책을 읽으면서 어떤 생각이 들었어?

아이: 와니니가 무리에서 벗어나 혼자만의 길을 나아갈 때 굉장히 두려웠을 것 같다는 생각이 들었어요.

보호자: 너도 그런 경험이 있었어?

아이: 예전에 수영을 배울 때, 물이 무서워서 물속에 제대로 들어가지 못했어요. 다시 수영을 배울 기회가 생기면 용기 내보고 싶어요.

와니니가 다른 동물들과의 협력으로 위기를 극복한 것처럼, 아이도 누군가와 함께하는 도전을 계획해볼 수 있겠죠. 특히, 가족이 함께 목표를 세우고 실천해보는 것을 적극 추천합니다. 가족이 함께 실천할 수 있는 목표는 다음과 같습니다.

• **봉사활동**: 한 달에 한 번 정도 꾸준한 봉사활동을 해보세요. 아이는 물론 가족 모두의 성장을 이끌어내는 가장 좋은 방법입니다.

• **가족 행사 준비**: 가족 구성원의 생일, 가족 여름휴가, 봄맞이 대청소, 친척 집들

이와 같은 특별한 날을 함께 계획하고 준비해보세요.

- **가족 독서**: 아이와 함께 한 권의 도서를 정하고, 일정한 시간에 책을 읽은 뒤 생각을 나눠보세요.

- **신체 활동**: 등산과 자전거로 목적지 도달하기, 수영과 태권도 같은 특정 운동 기능 배우기 등 다양한 신체 활동에 도전해보세요.

전문가 도전하기:
나만의 길로 향하는 첫걸음

"와, 정말 잘한다! 완전 전문가네!"

한 분야에서 충분한 자격을 갖춘 '전문가'로 인정받는 경험을 통해 아이들은 큰 자신감을 얻습니다. 게다가 한 번 전문가가 되어본 경험은 다른 분야에서도 주도적으로 나아갈 힘이 되기도 합니다. 한 분야에서의 성공 경험이 다른 도전에 대한 자신감으로도 이어지는 것이죠. 이에 전문성을 찾아가는 경험은 굉장히 소중합니다. 꼭 진로와 연결되지 않아도 괜찮습니다. 이 같은 경험을 통해 아이들은 자아 존중감을 쌓아가니까요.

아이가 뚜렷하게 관심 있는 분야가 없는 것 같다고요? 그렇다고 하더라도 너무 걱정할 필요는 없습니다. 초등학생 때부터 한 분야를 정해 그 방향으로 꾸준히 나아가는 아이는 거의 없으니까요. 대부분의 아이들은 눈앞의 다양한 소재에 관심을 보이고, 그 관심사도 자주 바뀝니다. 이는 아주 자연스러운 현상이지요. 이 시기에 필요한 것은 한 분야에 대한 집념보다 다양한 분야에 대한 호기심, 주어진 일을 스스로 해결해내는 능력입니다. 이런 경험이 쌓여야 어른이 되었을 때 진정한 전문가로 성장할 수 있으니까요. 이런 과정을 통해 아이들은 단순한 진로 탐색 이상의, 삶의 어떤 영역에서든 전문성을 쌓아가는 자세를 배우게 되겠지요.

전문가가 되는 길은 결코 쉽지 않습니다. 예를 들어, 셰프가 되기 위해서는 식재료에 대한 깊은 이해, 요리 기술의 연마, 맛의 조화를 찾는 끊임없는 연구가 필요하지요. 지금부터 셰프가 되는 과정과 본인의 일상을 소개하는 『기쁨과 위안을 주는 멋진 직업 셰프』(유재덕 글, 토크쇼)를 통해 아이들에게 '전문성'이 무엇인지, 그것을 얻으려면 어떤 노력이 필요한지 알려줄 세 가지 방법을 소개하겠습니다.

활동 ❶ 전문가와 소통하기

전문성을 키우는 가장 효과적인 방법은 전문가의 만남입니다. 실질적인 조언과 현장의 생생한 이야기를 들려주니까요. 더불어 전문가의 노하우를 직접 느끼면서 아이가 장래희망을 더욱 구체화할도 있고요. 전문가와의 만남은 크게 '직접 만남'과 '간접 만남'으로 나눌 수 있습니다. 생각보다 직접 만남의 기회도 다양합니다. 학교 진로 특강, 지역 문화센터 강좌, 직업 체험 프로그램 등을 통해 전문가들을 만날 수 있으니까요. 물론 책, 영상, 인터뷰 기사 등을 통한 간접 만남만으로도 충분히 전문가의 길을 배울 수 있지만요. 전문가와의 직접 만남 간접 만남부터 하는 것을 추천합니다. 책이나 영상으로 그 분야에 대한 기본적인 이해를 쌓고, 궁금증을 미리 정리해야 의미 있는 만남이 가능하기 때문입니다. 요리사를 예를 들어 조금 더 상세히 설명해볼게요.

1 간접 만남

- **유명 요리사의 책 읽기**: 요리책은 레시피뿐만 아니라 셰프의 철학과 경험을 배울 수 있는 좋은 자료입니다.
- **요리를 주제로 하는 다양한 영상 매체 시청하기**: 다양한 요리 기법과 음식 문화, 그리고 요리사의 생생한 삶을 살펴볼 수 있습니다.

2 직접 만남

- **요리사에게 편지 쓰기**: 요리에 대한 열정과 요리사가 되는 길에 대해 궁금한 점을 담아 널리 알려진 요리사에게 편지를 써보세요. 진심 어린 편지와 열정적인 마음이 잘 전달된다면 답장을 받을 가능성이 높아지겠지요. 답장에 담긴 경험자의 조언은 아이에게 귀중한 길잡이가 될 수 있습니다.
- **쿠킹 클래스 참여하기**: 전문 셰프의 요리 시연을 직접 보고 배울 수 있는 좋은 기회입니다. 질문을 준비해 가면 더 많은 것을 배울 수 있습니다.
- **식당을 방문해 요리사 직접 만나기**: 요리사의 일상이 어떤지 직접 볼 수 있다면 큰 행운이겠지요. 주방에서 일하는 모습을 관찰하고 이야기를 나누다 보면, 요리사의 삶을 더 깊이 이해할 수 있습니다.

　　장래희망을 이루기 위해 필요한 정보와 자료들을 모아두면 관심 있는 직업에 대해 언제든 찾아볼 수 있죠. 아래처럼 직업 자료실을 만들어보게 하세요. 자료를 모으고 정리하면서 그 분야에 대한 전문성도 자연스럽게 쌓을 수 있을 테니까요.

　무엇보다 이런 과정을 통해 자기 꿈을 향해 한걸음씩 나아가는 즐거움을 느낄 수 있겠지요. 요리사를 예로 들면 다음 활동으로 직업 자료실을 만들어볼 수 있겠지요?

❶ 다양한 요리책 모으기

　한식, 양식, 일식, 중식 등 다양한 분야의 요리책을 모아보세요. 각 요리의 특징과 차이점을 비교해볼 수 있습니다.

❷ 레시피 스크랩 활동

　대중적으로 널리 알려진 레시피, 요즘 유행하는 새로운 레시피 모두 환영입니다. 아이가 직접 요리해보고, 느낀 점과 알게 된 점을 함께 적으면 더 좋겠습니다.

❸ 식재료나 조리기구에 대한 정보 수집하기

　유재덕 셰프는 식재료가 요리의 맛을 결정하는 매우 중요한 요소라고 말합니다. 아이들이 요리의 기본을 놓치지 않도록 도와주세요.

사실 도전만큼 효과적인 학습 방법은 없습니다. 학생이라도 가능한 범위 내에서 다양한 시도를 하게 해보세요. 이런 경험이 아이의 마음속에 뚜렷하고 소중한 기억으로 남으니까요. 이때 도서를 활용하면 매우 효과적이겠지요? 자격증과 대회를 준비할 수 있는 전문 도서들이 각 분야별로 많이 출간되어 있기 때문이죠.

❶ 자격증 도전하기

한식·양식·제과제빵 등 다양한 자격증을 준비해본다면, 준비 과정에서 체계적인 지식과 기술을 습득할 수 있겠지요.

❷ 요리 경연대회 도전하기

경쟁을 통해 자기 실력을 객관적으로 평가받고, 다른 참가자들의 태도를 보고 배울 수 있습니다. 새로운 발상을 떠올릴 수도 있고요.

결과물 만들기:
독서의 흔적 남기기

지금부터 모든 독서 활동에서 활용 가능한 방법을 소개하겠습니다. 먼저 '흔적 남기기'를 위한 독서 활동입니다. 마음의 양식인 독서는 눈에 보이지 않기에 때때로 가치를 느끼기 어려울 수도 있습니다. 독서 활동의 결과물을 만들고 전시하는 것이 중요한 까닭이지요. 독서 결과물 만들기의 목적은 단순한 성과의 전시가 아닙니다. 아이들이 자기 성장을 눈으로 확인함으로써 지속적으로 독서에 대한 동기를 부여받는 중요한 과정입니다. 또한 책 내용을 다양한 방식으로 표현하면서 아이들의 창의성과 표현력을 높이려는 목적도 있고요.

아이 방을 아이가 직접 만든 독서 결과물로 채워보세요. 벽면에 그린 책 속 장면, 좋아하는 구절을 적은 카드, 컬러풀한 마인드맵 등을 전시하고, 각 결과물 옆에는 포스트잇을 이용해서 결과물에 대한 아이들의 생각을 붙여두세요. 떠오르는 생각이나 감정, 궁금한 점 무엇이든 괜찮습니다. 이렇게 하면 아이는 생각을 정리하는 습관을 기르며, 독서할 때의 감정이나 깨달음을 다시 떠올릴 수 있겠지요.

　더불어 제가 소개하는 활동 이외에도 다양한 방법으로 아이의 독후 생각을 전시해보세요. 전시를 끝낸 결과물도 버리지 말고, 공책이나 파일에 모아 독서 포트폴리오를 만들어보고요. 아이들은 독서 기록을 살펴보면서 본인의 생각이 어떻게 바뀌었고 그 과정에서 얼마나 성장했는지 깨우칠 수 있습니다. 세상 어디에서도 구할 수 없는 우리 아이만의 성장 독서 포트폴리오를 만들 수 있다는 것이지요.

활동❶ 오늘의 문장

　　매일 책에서 인상 깊은 문장을 골라 기록하게 해보세요. 주말에는 그 주의 최고의 문장을 뽑고, 월말에는 한 달 동안의 최고의 문장을 선정합니다. 오늘의 문장은 여러 기준으로 선택할 수 있습니다.

- 읽자마자 마음에 와닿은 문장
- 책의 핵심 메시지를 담고 있는 문장
- 새롭게 알게 된 내용이 담긴 문장
- 아름다운 표현이나 재미있는 비유가 있는 문장
- 나의 경험과 연결되는 문장
- 삶의 교훈을 주는 문장

이 활동은 가족 간의 소통 증진 도구로도 활용될 수 있습니다. 저녁 식사 시간에 각자가 선택한 '오늘의 문장'을 공유하고, 왜 그 문장을 선택했는지 대화해보세요. 이를 통해 가족끼리 서로의 관심사와 생각을 더 잘 알게 될 테니까요.

활동❷ 도서 홍보 포스터

흥미롭게 읽은 책의 홍보 포스터를 만드는 것도 좋은 활동입니다. 포스터 제작 과정에서 아이는 읽는 내용을 시각적으로 표현하는 방법을 알게 되겠지요. 복잡한 내용을 간단하고 명확하게 표현하는 과정에서 중요한 정보를 선별하고 구조화하는 능력을 기르게 됩니다. 포스터를 제작하는 단계는 다음과 같습니다.

- 1단계) 맨 위에 눈에 띄는 제목을 배치하기: 책 제목을 그대로 쓸 수도 있고, 책의 특징을 살린 새로운 제목을 만들 수도 있습니다. "상상력이 자라나는 동화", "용기가 필요한 친구들에게" 같은 홍보 문구를 덧붙이면 더욱 효과적이죠.
- 2단계) 책의 핵심 내용 담기: 줄거리의 핵심을 한 문장으로 요약하거나, 가장 인상적인 장면 또는 구절을 적어보세요. 주인공의 특징적인 모습이나 이 책만의 특별한 매력을 설명하는 것도 좋습니다.
- 3단계) 이 책을 추천하고 싶은 대상 표시하기: "이런 고민이 있는 사람에게 추천합니다", "이런 점이 궁금한 사람에게 좋아요" 같은 문구로 시작해서 구체적으로

적게 해보세요.

• **4단계) 여러 디자인 요소를 더해 완성하기:** 책 표지를 그리거나 인상적인 장면을 그림으로 표현해보세요. 화살표나 말풍선을 활용하여 내용을 연결하고, 다양한 색깔로 중요한 부분을 강조하면 더욱 눈에 띄는 포스터가 됩니다.

이렇게 완성된 포스터는 집안의 독서 공간이나 아이의 방에 전시하여 가족들과 공유할 수 있습니다. 포스터를 본 가족들과 대화하며 아이는 독서의 즐거움을 함께 나누게 되겠죠.

활동 ❸ 이달의 책

매월 말, 가족 모두가 모여 '이달의 책 시상식'을 열어보세요. 각자 그 달에 읽은 책 중 가장 좋았던 책을 소개하고, 왜 그 책이 좋았는지 이야기를 나눠보세요. "이번 달에 가장 재미있게 읽은 책은 뭐야?"라는 질문에 대답하면서 아이들은 책을 평가하는 안목을 기르고, 자신의 의견을 표현하는 능력도 키울 수 있습니다.

시상식의 기록을 매월 모아두면, 아이의 독서 취향과 관심사가 어떻게 변화하는지 볼 수 있어요. 처음에는 그림이 많은 동화책을 좋아하다가, 점차 과학 도감이나 인물 이야기로 관심이 옮겨가는 모습을 발견할 수도 있죠. 연말에는 '올해의 책'을 선정하며 한 해의 독서를 정리하면서, 아이의 한 해 성장을 돌아볼 수 있는 소중한 자료가 됩니다.

활동 ❹ 독서 달력

벽에 큰 달력을 붙이고, 매일 읽은 책의 제목을 기록해보세요. 책 제목 옆에 간단한 감상이나 별점을 함께 적으면 더 좋겠죠. 이렇게 하면 아이가 스스로 자신의 독서 여정을 확인할 수 있지요. 꼭 하루에 한 권씩 읽어야 하는 것은 아닙니다. 그림책은 하루에 한 권 읽을 수도 있겠지만, 동화책은 2~3일에 한 권, 조금 더 글이 많은 책은 일주일 정도 걸릴 수도 있어요. 책의 난이도나 아이의 흥미에 따라 읽는 속도가 다른 것은 자연스러운 일입니다. 중요한 것은 꾸준히 읽는 습관을 들여주는 것이지요.

활동 ❺ 독서 나무

거실이나 아이 방 벽에 커다란 나무줄기를 만들어주세요. 가족 구성원마다 다른 색의 포스트잇을 나뭇잎처럼 붙여 독서 나무를 완성합니다. 각각의 나뭇잎에는 어떤 생각을 담을 수 있을까요? 나뭇잎에는 책 제목뿐만 아니라 다양한 생각도 담을 수 있어요. 생각을 펼치는데 도움이 되는 몇 가지 질문을 소개드릴게요.

- 가장 인상 깊은 문장은 무엇인가요?
- 작가(등장인물)를 만나면 물어보고 싶은 질문이 있나요?

- 이 책을 누구에게 추천하고 싶나요?

- 이 책을 읽고 나서 새롭게 시도해보고 싶은 것이 있나요?

- 내가 주인공이라면 어떤 선택을 했을까요?

- 책의 결말을 바꾼다면 어떻게 하고 싶나요?

책과 함께하는 일상:
독서가 습관이 되는 환경 만들기

더 나은 사람이 되기 위해 새로운 것에 도전하는 일은 마음처럼 쉽지 않습니다. 위대한 사람들은 이럴 때 환경을 바꾸곤 했지요. 환경이 바뀌면 자연스럽게 행동이 바뀌고, 작은 변화가 모여 사람을 변화시키기 때문입니다. 이 원리는 독서에도 그대로 적용됩니다. 지금부터 소개하는 방법들로 아이의 일상을 책으로 가득 채워보세요. 이런 과정이 지속될수록 아이들의 삶에서 독서는 더 자연스러운 일상이 될 것입니다.

활동 ❶ 책과 친해지는 우리 집 만들기

아이는 하루 중 집에서 가장 많은 시간을 보냅니다. 아래 세 가지 방법으로 책 읽기 좋은 집을 만들어보세요.

❶ 독서 보드 만들기

- 이번 주 목표: 동화책 세 권 읽기
- 토요일 오후 4시: 가족 독서&간식 시간

가정용 칠판이나 화이트보드에 이번 주 또는 이번 달의 독서 목표와 이벤트를 기록해주세요. 읽은 책의 제목, 인상 깊은 구절, 간단한 감상 등을 적어두면 좋겠죠. 가족 모두가 참여하여, 일상 속에서 자연스럽게 독서가 이뤄지는 문화를 만들어보세요. 이 보드는 독서 결과물의 전시 용도로도 활용할 수 있겠지요?

❷ 독서 코너 만들기

집 안에 아늑한 독서 전용 공간을 만들어보세요. 거실 한쪽이나 아이 방 공간 일부를 활용해 편안한 의자, 따뜻한 조명, 작은 책장을 배치합니다. 이 공간을 꾸밀 때는 아이의 의견을 반영해도 좋겠죠. 책장은 아이가 '좋아하는 책 2 : 도전할 책 1'의 비율로 채워넣는 것을 추천합니다. 만약 도전할 책의 비율이 더 높다면 부담 때문에 독서를 어려운 과제로 여길 수도 있잖아요? 좋아하는 책의 비중이 높으면 편안하게 독서를 즐길 수 있겠죠. 다만 좋아하는 책만 있다면 독서를 통한 성장이 제한될 테니 2:1의 비율로 독서의 즐거움과 성장의 균형을 맞춰줘야 하는 것입니다. 이 책장을 효율적으로 운영하려면 정기적으로 아이와 함께 도서관이나 서점에 가서 책을 골라야겠지요?

3 어디든 책

세 권의 책(좋아하는 책 두 권, 도전하고 싶은 책 한 권)을 준비해 여행을 갈 때나 마트나 병원에 들를 때, 어디에서든 아이 곁에 책이 있게 해보세요. 이렇게 하면 대기 시간이나 이동 시간을 의미 있게 보낼 수 있잖아요? 다양한 상황과 장소에서 독서할 수 있게 함으로써 독서가 일상의 자연스러운 일부가 되도록 해주세요.

활동 ❷ 책으로 서로 가까워지는 우리 집 만들기

일상생활에서 자연스럽게 독서 경험을 나누는 것도 책을 친숙하게 만드는 방법입니다. 책을 일상적인 소재로 만들어주세요.

1 책 선물 주고받기

가족들끼리 자주 책 선물을 주고받아보세요. 여행지에서는 그 지역과 관련된 책을, 고민이 있을 때는 도움이 될 만한 책을, 궁금한 것이 생겼을 때는 답을 찾을 수 있는 책을 선물할 수 있습니다. 이런 경험이 쌓이면서 아이들에게 책은 단순한 학습 도구가 아니라 감정과 경험을 나누는 매개체가 됩니다.

2 우리 가족 책 만들기

요즘은 책 만들기가 어렵지 않습니다. 가족들끼리 주고받은 편지, 여행 소감, 채팅방 대화 등 소재는 자유입니다. 함께 찍은 사진, 가족이 그린 그림, 우리 집 풍경 등을 더하면 세상에 하나뿐인 우리 가족의 책이 만들어집니다.

❸ 주말 북카페 가기

여유로운 주말, 책 이야기를 나누는 시간을 가져보세요. 각자 최근에 읽은 책에 대해 재미있는 부분, 인상 깊은 구절, 궁금한 점을 자유롭게 나눕니다. 이때는 강제성 없이 편안하게 대화를 이어가는 것이 중요해요. 보호자가 먼저 책 이야기를 시작하면서 편안한 분위기를 만들어주세요. 이런 시간은 독서에 대한 관심도 높이고 가족 간의 소통도 증진시킬 수 있습니다.

활동 ❸ 무엇보다 중요한 보호자의 모범

아무리 독서하기 좋은 물리적 환경을 조성했더라도 보호자는 스마트폰만 들여다보면서 아이에게 책을 보라고 하면 그건 의미 없는 잔소리일 뿐입니다. 보호자가 먼저 책과 함께할 때, 아이들도 책을 가까이하게 된다는 사실을 잊지 마세요.

도서 탐색하기: 나만의 보물을 찾아서

　　책은 살아가는 데 꼭 필요한 지식과 지혜를 선사하는 보물입니다. 주변에 널려 있기에 조금만 손을 뻗으면 금방 얻을 수 있죠. 문제는 우리 아이에게 꼭 맞는 책을 찾는 것은 쉽지만은 않다는 것입니다. 표지 또는 소개글만으로는 책의 진정한 가치를 판단하기 어려우니까요. 이에 우리 아이에게 맞는 책을 찾는 세 가지 기준을 제시해보려고 합니다.

　　첫째, 아이의 흥미를 자극하는 내용일까? 일단 아이가 읽고 싶어 하는 책이어야 하겠죠. 호기심을 자극하고, 상상력을 펼칠 수 있는 내용을 담고 있어야 하죠. 책의 주제나 소재가 아이의 관심사와 맞닿아 있다면 더욱 좋습니다.

　　둘째, 우리 아이에게 도움이 될까? 친구 관계로 고민하는 아이에게는 우정을 다룬 책이, 새로운 도전을 앞둔 아이라면 용기를 주제로 한 책에 도움을 받을 수 있겠죠. 아이가 관심 있어 하는 분야나 미래 진로와 관련된 책도 좋은 선택이고요.

셋째, 아이 수준에 적절할까? 아이의 독서 수준을 고려하되, 약간의 도전을 요구하는 책을 고르는 것이 좋습니다. 여기서 '수준'은 아이가 이해할 수 있는 어휘와 내용을 포함하고 있는지, 분량은 적절한 수준인지를 고려하면 됩니다.

이 기준들을 종합적으로 고려하여 아이와 함께 책을 고르다 보면, 아이에게는 자신에게 맞는 책을 선택하는 안목이 자연스럽게 길러지겠지요. 지금부터 나(아이)만의 책을 찾는 방법을 알아보겠습니다.

활동❶ 가까운 곳에서 보물찾기

좋은 책을 찾기 위해 꼭 새로운 책을 살 필요는 없습니다. 주변에서 좋은 책들을 발견할 수도 있으니까요. 새로운 책을 사기 전에 주변의 보물들을 먼저 찾아보는 습관을 들이면, 더 의미 있는 독서 생활을 만들어갈 수 있을 것입니다. 가까운 곳부터 차근차근 찾아보세요.

■ 우리 집 숨겨진 보물찾기

아이와 함께 집 안 책장을 탐험해보세요. 새롭게 발견되는 책이 있을 수도 있으니까요. 예전에는 어려워 읽어내지 못한 책을 지금은 이해할 만큼 자랐을 수도 있잖아요? 아이가 더 어릴 때 읽은 책을 다시 읽으며 새로운 의미를 발견할 수도 있고요. 가족들이 모두 함께 책장을 정리하며 서로가 좋아하는 책에 대해서도 이야기해보세요. 보호자가 아이일 때 읽은 책을 소개하며 대화할 수도 있죠. 집 안의 책들을 새로운 시각으로 바라보면, 보물 같은 책들을 재발견할 수 있습니다.

❷ 친구들에게서 보물찾기

또래 친구의 추천은 아이에게 특별한 의미가 있습니다. "요즘 친구들이 어떤 책을 재미있게 읽고 있대?" 물어보세요. 이런 대화로 아이가 평소 관심 없어하던 분야의 책을 새롭게 발견할 수도 있으니까요. 같은 책을 읽은 친구들과 대화해보며 다양한 관점에 눈뜰 수도 있고요.

❸ 보물 주고받기

가족끼리, 친구끼리 생일 선물로 책을 주고받게 해보세요. 단순한 선물 교환을 넘어 서로의 관심사를 이해하고, 새로운 책을 발견하는 기회가 될 테니까요. 아이들 사이에서 자연스럽게 책 이야기가 오가면 서로의 책을 빌려주며 책 읽는 문화를 만들어질 수도 있겠지요. 학교 도서관 선생님에게 요즘 인기 있는 책을 물어보는 것도 좋은 방법입니다.

활동 ❷ 새로운 보물찾기

· ·

아예 새로운 책을 찾아본다면 다음과 같은 방식을 활용할 수 있습니다.

■ 교과서 속 보물찾기

교과서는 단순한 학습 자료가 아닙니다. 특히 국어 교과서에는 검증된 작가들의 훌륭한 작품이 실려 있습니다. 교과서에 실린 글의 원작을 찾아 읽으면 더 풍부한 이야기를 만날 수 있습니다. 예를 들어 교과서에서 만난 황순원 작가의 '소나기'가 흥미로웠다면, 작가의 '별'을 만나볼 수 있습니다. 이렇게 하나의 작품이 다른 좋은 책으로 이어지는 경험을 할 수 있습니다.

② 도서관(서점)에서 보물찾기

도서관이나 서점은 보물창고와 같습니다. 특별한 계획 없이 책장을 돌아다니며 책을 구경하는 것만으로도 의미 있는 시간이 될 수 있습니다. 눈에 띄는 제목이나 표지의 책을 자유롭게 꺼내 살펴보세요. 평소 관심 없던 분야의 책도 한번쯤 들춰보는 것도 좋습니다. 동물 책만 읽던 아이가 우연히 발견한 우주 주제의 책에 흥미를 느낄 수도 있고, 동화만 읽던 아이가 동시의 매력을 빠질 수도 있습니다. 이렇게 우연한 만남을 통해 새로운 관심사를 발견하는 것도 독서의 즐거움입니다.

③ 베스트셀러에서 보물찾기

베스트셀러 목록을 통해 현재 많은 사람이 읽는 책을 한눈에 볼 수 있습니다. 어린이 분야 베스트셀러 역시 이미 많은 아이에게 검증받은 책들이겠죠? 베스트셀러 코너에서 또래 아이들이 어떤 책을 읽고 있는지 살펴보고, 그중에서 아이의 관심사와 맞는 책을 골라보세요.

독서로 기여하기:
책으로 더 나은 세상 만들기

지금까지 여러 번 말씀드린 바와 같이 진정한 독서의 가치는 책 속의 지식을 통해 긍정적인 변화를 이끌어내는 데 있습니다. 독서로 배운 것을 실천하면서 아이들도 더 나은 세상을 만드는 데 기여할 수 있거든요. 책을 통해 긍정적으로 변화해본 경험은 아이들에게 큰 자신감을 선물합니다. 이러한 기여 활동의 가치는 세 가지 핵심 경험에서 찾을 수 있습니다. 참고로, '자기결정성 이론Deci&Ryan'에 따르면 아래 세 가지 요소는 '사람을 행동하게 만드는 동기'이기도 합니다.

- 유능감: 책에서 배운 내용을 실제로 적용하며 자신의 능력을 확인합니다. 예를 들어, 환경 관련 책을 읽고 실제로 분리수거 캠페인을 진행하면서 자신이 변화를 만들어낼 수 있다는 것을 경험합니다.
- 관계성: 다른 사람들과 함께 활동하며 새로운 관계를 만듭니다. 같은 관심사를

가진 사람들을 만나 생각을 공유하며 유대감을 형성할 수 있습니다.

• **자율성**: 스스로 활동을 선택하고 실천하는 과정을 통해 주도성을 기릅니다. 아이가 관심 있는 주제의 책을 선택하고, 그 내용을 바탕으로 자신만의 기여 방식을 찾아갑니다.

기여 활동은 작은 것부터 시작하면 됩니다. 가족에서부터 시작해 점차 학교와 지역 사회로 활동 범위를 넓혀갈 수 있지요. 이 과정에서 아이들은 자신의 관심사와 재능을 자연스럽게 접할 수 있습니다. 독서 활동을 통해 미래의 진로를 발견할 수도 있어요. 환경 보호에 관한 책을 읽고 캠페인을 진행하다가 환경 문제를 해결하는 연구자의 꿈을 갖게 되거나, 독서 봉사 활동을 하면서 교사의 꿈을 발견하거나 하는 식으로 말이지요.

독서를 통한 기여 활동은 보호자의 관심과 지지가 매우 중요합니다. 아이의 관심사와 의견을 존중하고, 해결 방안을 함께 찾아보며, 가족이 함께 참여해보세요. 아이뿐 아니라 가족 간의 유대감도 함께 성장할 테니까요.

활동❶ 책 속 지혜로 주변 문제 개선하기

책 내용을 통해 소소한 주변의 문제 상황을 개선할 수 있을까요? 가족이나 친구 관계에서 생기는 문제들을 해결할 때 책에서 배운 방법을 활용하게 해보세요. 책을 읽고 배운 감정 조절 방법을 건강한 관계 형성에 활용하는 식으로요. 먼저 아이가 읽은 책 중에 친구 관계나 감정 조절에 관한 내용이 있는 책을 함께 살펴봅니다. 아래와 같은 대화로 실생활에 책 내용을 적용할 수 있도록 격려해주세요.

> 보호자: 화가 느껴질 때 어떻게 대처하면 좋을까?
>
> 아이: 책을 찾아보니, 그 자리를 잠깐 피하거나 마음속으로 열까지 세어보라고 하네요.
>
> 보호자: 또 있어?
>
> 아이: 내가 화나는 상황을 알고 있으면 미리 대처하기가 쉽대요.
>
> 보호자: 실천해본 적이 있어?
>
> 아이: 앞으로 그런 상황이 펼쳐지면 한번 해보려고요.

대화를 통해 아이가 책이 실제 삶에 도움이 되는 유용한 도구임을 깨닫게 될 것 같지요? 문제 해결 능력도 좋아질 테고요.

활동 ❷ 독서 토의로 학교와 지역 사회 문제 개선하기

아이와 함께 지역 사회의 문제를 다룬 책을 읽고 대화를 나눠보세요. 이를 통해 우리 동네의 문제점을 발견하고 개선 방안을 찾아볼 수 있습니다. 예를 들어, 지역 사회의 문제를 소개하는 책을 읽고 우리

동네의 교통 문제에 대해 이야기를 나눠볼 수 있습니다.

> 보호자: 우리 학교 앞 도로를 건널 때 어떤 점이 위험하다고 느꼈니?
>
> 아이: 신호등이 너무 빨리 바뀌어서 가끔 위험하다는 생각이 들어요.
>
> 보호자: 그럼 이 문제를 어떻게 해결하면 좋을까?
>
> 아이: 녹색 신호등 시간을 길게 하면 좋을 것 같아요.
>
> 보호자: 그럼 구청에 민원을 넣어볼까? 어떤 내용을 전달하면 좋을지 같이 생각해보자

주변 문제에 관심을 갖게 되면 해결 방안도 적극적으로 생각해볼 수 있습니다. 아이의 의견을 경청하고, 현실적인 해결 방안을 함께 찾아보세요. 이런 과정을 통해 아이는 사회 문제에 관심을 갖고 해결하려는 태도를 기르게 됩니다. 본인의 의견이 실제 사회를 변화시킬 수 있다는 것을 깨달으면서 민주시민의 자질도 갖춰나가게 될 테고요.

활동 ❸ 책으로 지구촌 문제에 관심 갖기

책을 통해 지구촌이 함께 겪고 있는 문제들을 알아보고, 아이와 세계 문제에 대해 이야기해보세요. 이를테면 기후 변화를 다룬 책을 읽고 나서 이런 대화를 해볼 수 있겠지요.

보호자: 기후 변화로 어떤 문제들이 생기고 있니?

아이: 북극곰이 살 곳을 잃어가고 있어요. 해수면이 높아져서 섬나라들이 위험하대요.

보호자: 우리 가족이 이 문제를 조금이라도 해결하려면 어떻게 하면 좋을까?

아이: 일회용품 사용을 줄이고, 분리수거를 잘하면 좋을 것 같아요.

　지구촌의 문제는 개인의 노력만으로는 해결하기 어렵습니다. 하지만 아이에게 '쉽게 실천 가능한 작은 일부터 시작해보자'는 긍정적인 태도를 심어주는 것이 중요합니다. 예를 들어 환경 문제에 관심을 가진 아이라면, 가족이 함께 일회용품 줄이기나 분리수거 실천하기와 같은 작은 활동부터 시작할 수 있습니다. 이 같은 활동을 통해 책이 세상을 변화시킬 도구이기도 하다는 사실을 깨달으면, 책임감 있는 세계시민으로 성장하는 데도 아주 큰 되겠지요?

함께하는 독서:
독서의 즐거움 나누기

'빨리 가려면 혼자 가고, 멀리 가려면 함께 가라'는 아프리카 속담처럼, 지속적인 독서 생활을 위해서는 함께하는 것이 중요합니다. 평생의 독서 습관을 기르기 위해서는 다른 사람들과 함께하는 과정이 꼭 필요하지요. 혼자만의 활동이 아니라 함께 나누는 즐거운 경험일 때, 아이도 독서의 의미를 더 진지하게 고민하게 되니까요. 지금부터 소개하는 활동은 독서의 즐거움을 나누는 다양한 방법입니다.

활동 ❶ 독서 모임

독서 모임은 책을 매개로 다양한 생각을 나누고 서로의 경험을 공유하는 좋은 방법입니다. 같은 책을 읽고도 서로 다른 해석과 감상을 가질 수 있으니까요. 아이들은 이 과정에서 다른 사람의 의견을 경청하고 자신의 생각을 표현하는 능력도 자연스럽게 기를 수 있죠.

■ 독서 모임의 종류

가장 쉽게 결성할 수 있는 것은 가족 독서 모임이겠죠? 가족이 함께 읽은 책에 대해 이야기를 나눠보세요. 가족마다 다른 시각과 경험을 공유하면서 서로를 더 깊이 이해할 수 있습니다. 매주 토요일 오후 3시처럼 정해진 시간에 모이면 지속적인 모임을 이어가기 좋습니다.

아이의 친구들과 함께하는 또래 독서 모임을 만들어보는 것도 좋습니다. 한 달에 한 번씩 모여 책을 읽고 생각을 나누면서 다양한 관점이 있다는 것을 배우고, 서로의 의견을 존중하는 법을 익히게 되니까요.

마지막으로 학교에서 운영하는 독서 동아리에 참여하도록 격려해주세요. 선생님의 지도하에 체계적인 독서 활동을 경험할 수 있습니다. 학교마다 운영 여부와 구체적인 진행 방식이 다르니, 아이를 통해 학교의 독서 동아리 프로그램을 확인해보세요.

■ 독서 모임의 운영 방식

독서 모임을 진행하는 방식은 다양하니 주어진 상황에 맞게 운영하면 되지만 몇 가지 운영 방식을 추천합니다. 모임의 성격과 참여자의 특성, 다루는 책의 종류에 따라 적절한 방법을 선택해 보세요.

첫째는 즉석 함께 읽기입니다. 참여자들이 같은 책을 일정한 시간 동안 함께 읽는 것이지요. 각자 읽어도, 함께 소리 내 읽어도 괜찮습니다.

읽기가 끝난 직후 기억이 생생할 때 이야기할 수 있다는 장점이 있습니다. 특히 그림책이나 짧은 이야기를 다룰 때 효과적입니다.

둘째는 마음 속 구절 나누기입니다. 미리 읽고 와 각자 가장 기억에 남는 구절을 공유하는 것이지요. 같은 책을 읽고도 서로 다른 부분에 주목했다는 것을 알게 되면서 아이는 새로운 관점을 발견할 수 있습니다.

셋째는 조각 맞추기입니다. 책의 각 부분을 나눠 읽고, 자신이 맡은 부분을 다른 사람에게 소개하는 거예요. 정보 책이나 옴니버스 형태의 책에 적합한 방식입니다.

넷째는 주제별 책 소개하기입니다. 하나의 주제를 정하고 각자 원하는 책을 선택해 읽는 거예요. 같은 주제를 다룬 다양한 책을 접할 수 있어 시야를 넓히는 데 도움이 됩니다.

다섯째는 깊은 생각 나누기입니다. 한 권의 책을 읽고 특정 주제나 쟁점에 대해 이야기를 나눠 보세요. 이 방식은 비판적 사고력과 토론 능력을 키우는 데 효과적이랍니다.

활동❷ 책 큐레이팅 활동

주변 사람에게 도움이 될 만한 책을 추천하는 것도 좋은 방법입니다. 아이가 주변 사람들에게 적절한 책을 추천하는 '큐레이터' 역할을 해보게 하는 것이지요. 책을 전할 때는 간단한 편지나 메모를 남기면 의미가 더 잘 전달된다는 것을 꼭 말해주세요.

■1 고민 해결사

친구 관계로 고민하는 동생에게는 '우정'과 관련된 메시지를 전하는 책을 추천할 수 있겠죠. 이를 통해 때로는 열 마디 말보다 한 권의 책이 더 강한 힘을 발휘한다는 사실도 깨달을 수 있어요.

■2 특별한 날

생일이나 기념일, 또는 특정 계절에 어울리는 책을 골라 주변 사람들에게 선물해봅니다. 크리스마스에는 따뜻한 가족 이야기가 담긴 책을, 봄에는 새로운 시작을 다룬 책을 추천해볼 수 있겠죠?

■3 공유 공간 도서 추천

아파트 공동 현관, 교실 게시판 등 다른 사람과 공유하는 공간에 추천 도서 목록을 게시합니다. 이를 통해 아이는 본인의 독서 경험이 다른 사람에게 도움이 될 수도 있다는 것을 깨달을 수 있어요.

활동 ❸ SNS 공유 활동

읽은 책의 내용과 느낀 점을 다양한 디지털 플랫폼을 통해 표현하고 공유하도록 격려해주세요. 이는 아이들의 디지털 리터러시를 향상시키고, 독서 경험을 더욱 풍부하게 만들 수 있습니다. 단, SNS 사용 시에는 저작권이나 개인정보 침해 등 SNS 이용 수칙에 관한 내용을 반드시 알려줘야 합니다.

1 가족 독서 블로그

가족 전체가 참여하는 독서 블로그를 운영해보세요. 각자 읽은 책의 리뷰, 인상 깊은 구절, 독서 일기 등을 정기적으로 포스팅 합니다. 댓글을 통한 소통으로 가족 간 대화도 늘릴 수 있습니다.

2 북튜브 채널

유튜브에 가족 채널을 만들어 짧은 책 소개 영상을 제작해봅니다. '숏츠Shorts' 기능을 활용하면 간단하게 1분 내외의 영상을 업로드할 수 있습니다. 책 내용 요약, 추천 이유, 인상적인 장면 낭독 등 다양한 콘텐츠를 제작해봅니다.

3 인스타그램 독서 일기

인스타그램에 책 표지 사진과 함께 인상 깊은 문구, 간단한 감상을 해시태그와 함께 공유합니다. 시간이 지나 피드를 훑어보면 독서 여정을 한눈에 볼 수 있다는 장점이 있겠죠.

활동❹ 독서 대회

독서 대회는 아이들이 자신의 독서 능력을 시험하고 성취감을 얻을 수 있는 좋은 기회입니다. 일반적으로 독서 대회에서는 지정 도서나 자유 도서를 읽고 감상문을 쓰거나, 책의 내용을 바탕으로 토론이나 퀴즈 활동을 합니다. 이를 위해 아이들은 책을 꼼꼼히 읽고, 자기 생각을 효과적으로 표현하는 능력을 길러야 합니다. 아래는 2024년 기준 주요 독서 대회입니다. 대회 정보는 매년 초에 주최 기관 홈페이지나 공식 SNS를 통해 확인할 수 있답니다.

대한민국 독서토론 논술대회	참가 대상: 초·중·고등학교 학생 주최: 전국독서새물결모임 후원: 교육부, 문화체육관광부, 환경부, 강릉시, 　　　16개 시도교육청 등 과정: 독서 발문지 제출(예선) → 독서 토론(본선) 시기: 5월 예선 후, 7월 본선
전국 청소년 독서 감상문 발표 대회	주최: 국민독서문화진흥회 대상: 초중고 학생 시기: 9월 예선 후, 11월 본선
퀴즈왕 선발대회	주최: 각 지역 도서관 대상: 지역 내 초중고 학생 시기: 도서관별로 상이, 주로 독서의 달(9월)에 많이 개최.

　　대회에 참가한 아이들은 책을 더 깊이 있게 읽는 방법을 배울 뿐 아니라 다른 참가자들의 다양한 해석을 접하면서 새로운 시각을 얻을 수

있습니다. 또한 비슷한 관심사를 가진 친구들을 만나 독서에 대한 즐거움을 나눌 수도 있습니다. 이때 중요한 것은 대회의 결과보다 참가하는 과정에서 얻는 배움과 경험이라는 점을 아이에게 꼭 말해주세요.

활동 ⑤ 독서 이벤트

책을 매개로 다양한 체험과 활동을 즐겨보면 새로운 방식으로 책의 즐거움을 발견할 수 있습니다. 비슷한 관심사를 가진 또래와 교류하며 독서에 대한 동기를 부여받을 수도 있죠. 이런 이벤트들은 아이에게 책이 단순한 학습 도구가 아닌 즐거운 문화 활동이 될 수 있다는 것을 보여줍니다.

1 독서 마라톤

전국 도서관에서 연중 진행되는 행사로, 1쪽을 1미터로 환산하여 다양한 거리(풀코스 42,195미터, 하프 21,100미터, 10킬로미터, 5킬로미터 등)를 목표로 설정합니다. 지역명과 '독서 마라톤'을 검색하여 참여 방법을 확인하세요.

2 작가와의 만남

좋아하는 작가의 강연을 듣고 질문할 수 있는 소중한 기회입니다. 작가 이름과 '작가와의 만남'을 검색하여 일정을 확인하세요. 최근에는 온라인으로 진행되는 경우도 있어 참여가 더욱 쉬워졌습니다.

❸ 독서 캠프

학교, 도서관, 출판사, 교육청 등에서 주최하는 독서 캠프에 참여해보세요. 1박 2일 또는 당일 과정으로 진행되며, 다양한 독서 활동과 체험을 할 수 있습니다. 가족 단위 독서 캠프를 직접 계획해보는 것도 좋은 방법입니다.

❹ 도서 축제

마지막으로, 전국 각지에서 열리는 도서 축제가 있습니다. 서울국제도서전, 파주북소리 등 대규모 행사부터 지역별 소규모 축제까지 다양합니다. 새로운 책과 작가를 만나고, 다양한 독서 문화를 체험할 수 있는 좋은 기회입니다.

책 읽는 아이에게 어떤 질문을 할까?

아이에게 독서 지도를 할 때 어떻게 이끌어야 할지 막막하다면 다음 질문 목록을 활용해보세요. 문학, 비문학 등 책의 종류와 책을 읽는 상황별로 적절한 질문을 다음과 같이 제시합니다.

❶ 문학 작품 읽는 상황별 질문

❷ 비문학 작품 읽는 상황별 질문

❸ 문학 작품 주제별 질문

❹ 적용 질문

❺ 느낌과 감정 질문

❻ 성찰 질문

❼ 생각을 확장하는 질문

아이의 수준과 성향, 책의 특성에 맞는 질문을 선택하세요. 동화책을 읽었다면 인물의 감정에 관한 질문을, 과학책을 읽었다면 새롭게 알게 된 점을 물어보는 것이 좋습니다. 저학년일수록 '다양한 생각을 자신 있게 표현하는 것'을, 고학년에 가까워질수록 '자신만의 생각을 끈기 있게 이어 나가고 논리적으로 표현하는 것'을 목표로 합니다.

여기 있는 모든 질문을 다 물어볼 필요는 없습니다. "주인공은 왜 그렇게 행동했을까?"라는 한 가지 질문이라도, 아이가 깊이 있게 생각하고 자신의 의견을 표현할 수 있다면 그것으로 충분합니다. 질문의 목표는 아이의 생각을 키우는 것이니까요.

❶ 문학 작품 읽는 상황별 질문

읽기 전	예상	(제목과 표지를 보고) 어떤 이야기가 펼쳐질 것 같나요? (제목을 가리고) 책 제목을 추측해볼까요? 어떤 인물들이 등장할 것 같나요? 인물들의 성격은 어떨까요? 이야기의 분위기는 어떨까요?
	배경지식 활성화	책에서 소개되는 내용과 비슷한 일을 겪어본 적이 있나요? 비슷한 책(이야기)을 알고 있나요? 이 작가의 다른 책을 읽어본 적이 있나요?
	어휘 확인	모르는 말이 있나요? 그 표현은 무슨 뜻일까 짐작해볼까요? 인물의 마음을 짐작할 수 있는 표현은 무엇이 있나요?
읽는 중	중심 내용	가장 중요한 일은 무엇인가요? 주인공은 어떤 사람인가요? (성격, 특성) 주인공은 어떤 어려움을 겪나요? 주인공은 어려움을 어떻게 극복하나요?
	세부 내용	각 목차별로 가장 중요한 문장(사건)은 무엇인가요? 인물들은 서로 어떤 관계인가요? 이야기는 언제, 어디에서 일어났나요? 가장 기억에 남는 인물의 말과 행동은 무엇인가요?
	맥락 이해	왜 이 사건이 벌어졌나요? (원인) 앞으로 어떤 일이 벌어질까요? (결과) 결말은 어떻게 될까요? 인물의 마음이 어떻게 변했나요?

책 읽는 아이에게 어떤 질문을 할까?

읽은 후	정리	이야기를 간단히 말해볼까요? 가장 기억에 남는 장면은 무엇인가요? 이야기가 전하려는 것은 무엇인가요?
	평가	이 책의 점수를 매겨볼까요? (10점 만점) 가장 중요한 사건(부분)은 무엇인가요? 주인공의 선택은 적절했다고 생각하나요? 가장 공감되는 인물은 누구인가요?
	종합	이 이야기를 읽으며 무엇을 배웠나요? 이 이야기와 관련된 현실 속 문제가 있나요? 앞으로 어떤 책을 읽으면 좋을까요? (작가의 다른 책, 비슷한 주제의 책)

❷ 비문학 작품 읽는 상황별 질문

읽기 전	예상	제목을 보고 무슨 내용을 담고 있을까 예상해볼까요? 목차를 보고 어떤 내용이 나올지 추측해볼까요? 어떤 종류의 글일까요?
	배경지식 활성화	이 주제에 대해 아는 것이 있나요? 비슷한 경험을 한 적이 있나요? 이런 내용을 본 적이 있나요? (뉴스, 영화, 드라마, 동영상 자료 등)
	어휘 확인	뜻을 모르는 표현이 있나요? 어떤 의미일까 추측해볼까요? 가장 많이 등장하는 단어는 무엇인가요? 중요한 단어들은 무엇인가요?

읽는 중	중심 내용	글쓴이는 이 책을 통해 무엇을 전달하고 싶었을까요? 가장 중요한 내용은 무엇일까요? 각 목차별로 가장 중요한 내용을 하나씩 골라볼까요?
	세부 내용	주장을 뒷받침하는 근거는 무엇인가요? 자료(그래프, 표, 사진, 그림)는 무엇을 뜻하나요? 예시로 든 것은 무엇인가요?
	맥락 이해	각 목차별로 소개된 글이 어떻게 구성되어 있는지 말해볼까요? (예: 다양한 예를 들어준다. 앞으로 일어날 일을 예상해본다.) 앞뒤 내용은 서로 어떻게 이어지나요? ( )의 의미는 무엇인지 추측해볼까요?
읽은 후	정리	글의 내용을 순서대로 정리해볼까요? 가장 중요한 내용은 무엇인가요? 새롭게 알게 된 것은 무엇인가요?
	평가	글쓴이의 주장과 근거는 믿을 만한가요? 사실을 바르게 전달했나요? 정보가 정확한지 확인해봤나요? 더 알고 싶은 것이 있나요?
	종합	이 내용을 어떻게 사용할 수 있을까요? 이 책을 읽고 다른 사람들은 어떤 생각을 할까요? 더 찾아보고 싶은 것이 있나요?

책 읽는 아이에게 어떤 질문을 할까?

❸ 문학 작품 주제별 질문

인물	외적 특징	주인공은 몇 살이고 어떻게 생겼나요? 주인공은 무슨 일을 하나요? 주인공이 자주 하는 말과 행동은 무엇인가요?
	내적 특징	주인공의 성격은 어떤가요? 주인공은 어떤 생각을 가지고 있나요? (인물의 가치관) 주인공은 무엇을 좋아하고 싫어하나요?
	관계	주인공은 다른 등장인물과 어떤 관계인가요? 주인공은 어떤 어려움을 겪나요? 주인공은 다른 인물과 어떤 갈등을 겪나요?
사건	시작	이야기는 어떻게 시작되나요? 어떤 인물이 등장하나요? 주인공에게 무슨 일이 생겼나요?
	문제	주인공이 어떤 어려움을 겪나요? 주인공이 겪은 가장 힘든 일은 무엇인가요? 누구와 어떤 갈등이 있었나요?
	해결	문제를 어떻게 해결했나요? 누구의 도움을 받았나요? 주인공은 어려움을 극복하고 무엇을 배웠을까요?

배경	장면	이야기의 분위기는 어땠나요? 어떤 장면이 가장 기억에 남나요?
	시간	언제 일어난 일인가요? 계절이나 때는 언제인가요? 얼마나 오랫동안 일어난 일인가요?
	장소	어디에서 일어난 일인가요? 중요한 일은 어디에서 일어났나요? 장소는 어떻게 소개되고 있나요? 그림으로 표현할 수 있나요?

❹ 적용 질문

실생활	나도 이런 일을 겪어본 적이 있나요? 이 내용을 우리 생활에서 어떻게 사용할 수 있을까요? 우리 주변에서 비슷한 일이 있었나요?
다른 책이나 이야기	이와 비슷한 다른 이야기를 알고 있나요? 전에 읽은 책 중에 비슷한 내용이 있었나요? 다른 책과 비슷한 점과 다른 점은 무엇인가요?
학교 공부	책을 읽으며 학교에서 배운 내용이 떠오른 부분이 있나요? 학교에서 배운 내용과 어떤 관련이 있나요? 이 내용이 학교 공부에 어떤 도움이 될까요?
나의 이야기	내가 주인공이라면 어떻게 했을까요?

	주인공이 나라면, 요즘 내가 겪는 어려움을 어떻게 극복했을까요? (예: 친구와의 갈등 상황)
	이 내용이 나에게 어떤 도움이 되나요?
주변 이야기	책 내용이 우리 주변의 어떤 일과 관련이 있나요?
	책 내용이 우리에게 어떤 도움이 될까요?
	책 내용과 관련하여 우리가 실천할 수 있는 일은 무엇인가요?

⑤ 느낌과 감정 질문

감정	이 부분을 읽고 어떤 마음이 들었나요?
	가장 기쁘거나 슬펐던 장면은 어디인가요?
	이야기가 끝나고 어떤 기분이 들었나요?
인물 공감	주인공의 어떤 점이 나와 비슷한가요?
	주인공의 행동에 대해 어떻게 생각하나요?
	내가 주인공이라면 어떻게 했을까요?
작가 생각	작가는 우리에게 무엇을 말하고 싶었을까요?
	작가는 이 글을 쓰며 어떤 감정을 느꼈을까요?
표현	가장 기억에 남는 문장은 무엇인가요?
	가장 기억에 남는 삽화는 무엇인가요?
분위기	이야기의 분위기가 어땠나요?
	가장 기억에 남는 장면은 어떤 분위기였나요?
	이야기가 진행되면서 분위기가 달라졌던 부분이 있나요?

❻성찰 질문

독서 과정	책을 읽을 때 방해가 된 것이 있었나요? 책을 읽으면서 무엇이 어려웠나요? 잘 이해되지 않는 부분이 있었나요? 책의 내용을 이해하기 위해 어떤 노력을 했나요? (예: 모르는 단어를 찾아봤다) 앞으로는 책을 어떻게 읽으면 좋을까요?
생각 변화	책을 읽고 나서 어떤 생각이 달라졌나요? 새롭게 알게 된 것은 무엇인가요? 이 책을 읽고 나서 달라진 점이 있나요? 책을 읽고 어떤 감정을 느꼈나요?
이해 정도	책의 내용을 잘 이해했나요? 다른 사람에게 줄거리나 중요한 내용을 설명할 수 있나요? 책을 읽고 더 알고 싶은 것이 있나요?
더 나아가기	배운 내용을 어떻게 사용할 수 있을까요? 앞으로 어떤 사람이 되고 싶나요? 책의 내용과 관련하여 무엇을 도전해보고 싶나요? 다음에는 어떤 책을 읽고 싶나요?

❼생각을 확장하는 질문

원인	주인공은 왜 그렇게 행동(말)했을까요? 왜 이런 일이 발생했을까요? 문제가 발생하게 된 배경은 무엇인가요?

책 읽는 아이에게 어떤 질문을 할까?

결과	앞으로 어떤 일이 일어날 것 같나요? 10년 뒤 인물은 어떤 사람이 될까요? 만약 ( )했다면 이야기가 어떻게 달라졌을까요?
비교	이야기의 시작 부분과 마지막 부분에 무엇이 달라졌나요? 이런 비슷한 일을 겪어본 적 있나요? 다른 책과 비교해서 같은 점과 다른 점을 찾아볼까요?
평가	이 책에서 가장 재미있는 부분은 어디인가요? 이 책을 다른 사람에게 추천하고 싶나요? 주인공의 말과 행동은 적절한가요? 결말이 마음에 드나요?
의미	( )의 뜻을 사전에서 찾아볼까요? ( )은 무엇을 의미할까요? ( )을 비슷한 단어/표현으로 바꿔볼까요? 왜 ( )라는 단어/표현을 사용했을까요?
주제	작가는 이 책을 왜 썼을까요? 작가는 어떤 사람들을 위해 이 책을 썼을까요? 이 책을 통해 무엇을 배웠나요? 이 책의 가장 중요한 내용은 무엇인가요?
가치	( )은 우리에게 왜 중요한가요? (예: 정직, 우정) ( )이 없다면 우리 세상은 어떻게 될까요? (예: 정직, 우정) ( )을 어떻게 적용(실천)할 수 있을까요? (예: 정직, 우정) 이 가치를 지키기 위해 어떤 노력이 필요할까요?

교과서와 연결해 독서하는 방법

초등학교에서는 어떤 내용을 배울까요? 다음 내용은 〈2022 개정 교육과정〉에서 발췌한 사회, 과학 과목의 '내용 체계표'입니다. 내용 체계표는 학생들이 학교에서 학습해야 하는 요소를 제시하는데, 지식·이해, 과정·기능, 가치·태도 세 가지로 구성됩니다. 여기에서는 학습해야 하는 '내용'과 관련된 지식·이해 요소를 소개합니다. 이 표에 나오는 내용이 담긴 책을 골라 읽는다면 교과서와 연계한 독서가 가능하답니다. 구체적인 활용 방법은 198쪽을 참고해보세요.

❶ 사회

지식·이해 범주		초등학교	
		3~4학년	5~6학년
1. 지리 인식	위치와 영역	• 우리 지역의 위치 • 우리나라 행정구역	• 우리나라의 위치와 영토 • 세계 여러 국가의 위치와 영토
	장소와 지역	• 장소 경험과 장소감 • 생활 주변의 주요 장소 • 우리 지역의 지리 정보	• 독도의 지리적 특성 • 세계 대륙과 대양
	공간 분석	• 지도의 종류와 쓰임 • (디지털)지도와 공간자료 • 지도의 요소	• 공간자료와 도구 • 세계 지도와 지구본
2. 자연환경과 인간생활	위치와 영역	• 우리 지역의 기온과 강수량 • 사례 지역의 기후환경	• 우리나라의 계절별 기후 • 세계의 기후

	장소와 지역	• 사례 지역의 지형환경	• 우리나라의 지형 • 세계의 지형
	공간 분석	• 이용과 개발에 따른 환경 변화	• 다양한 자연환경과 인간 생활 • 기후변화 • 자연재해
3. 인문환경과 인간생활	인구	• 우리 지역 인구 정보	• 우리나라의 인구 분포와 문제 • 세계의 인구 분포와 특징
	문화	• 지역의 문화	
	도시와 촌락	• 도시의 특징과 도시문제 • 촌락의 환경	
	경제와 교통	• 지역의 생산물 • 교통, 통신과 생활의 변화	
4. 지속 가능한 세계	갈등과 불균등의 세계		• 지구촌 갈등 사례
	지속가능한 환경	• 우리가 사는 곳의 환경 • 살기 좋은 환경과 삶의 질	• 지구촌을 위협하는 문제
	공존의 세계		• 균형적인 국토 발전 • 분단과 평화의 장소
5. 정치	민주 주의	• 민주주의의 의미 • 학교 자치 사례 • 주민 자치 사례	
	정치 과정	• 민주주의의 실천 • 주민 참여와 지역사회 문제 해결	• 선거의 의미와 역할 • 미디어의 역할 • 미디어 콘텐츠의 분석
	국제 정치		• 평화 통일을 위한 노력 • 지구촌의 평화

6. **법**	법과 생활		• 법의 적용 사례 • 법의 의미와 역할
	인권과 기본권		• 인권의 의미 • 헌법상 인권의 내용 • 인권 침해 문제의 해결 • 인권 보호 활동 참여
	헌법과 국가		• 국회 • 행정부 • 법원 • 권력 분립
7. **경제**	경제 생활	• 자원의 희소성 • 경제활동 • 합리적 선택 • 생산과 소비 활동	• 가계와 기업의 역할 • 근로자의 권리 • 기업의 자유와 사회적 책임
	시장 경제		
	국가 경제	• 지역 간 교류 • 상호의존 관계	• 경제 성장의 효과 • 경제 성장과 관련된 문제 해결 • 무역의 의미 • 무역의 이유
8. **사회·문화**	사회 생활		
	문화 이해	• 다양한 문화의 확산 효과와 문제 • 문화 다양성	
	사회 변동	• 사회 변화의 양상과 특징 • 생활 모습의 변화	• 지구촌의 문제 • 지속 가능한 미래

교과서와 연결해 독서하는 방법

9. 역사 일반	역사 학습의 기초	• 역사의 시간 개념 • 역사 증거 • 변화와 지속(지역, 교통·통신, 풍습)	• 역사 탐구 방법
10. 지역사	지역사	• 지역의 문화유산 알아보기 • 지역의 역사 이해하기 • 지역의 역사적 문제 파악 하기	
11. 한국사	문명의 발생과 고대 세계의 형성		• 선사 시대 사람들의 생활
	국가의 형성과 발전		• 고조선 사람들의 생활
	통일신라와 발해		• 고대 사람들의 생각과 생활
	고려의 성립과 변천		• 고려 시대 사회 모습과 사람들 의 생활
	조선의 성립과 발전		• 유교 문화가 조선 시대 사람들 의 생각과 생활에 미친 영향
	조선 사회의 변동		• 조선 후기 사회·문화적 변화와 근대 문물 수용으로 달라진 생활
	근·현대 사회로의 전환		• 일제 식민 통치에 대한 저항이 사회와 생활에 미친 영향 • 8·15 광복과 6·25 전쟁으로 달라진 생활 • 평화 통일을 위한 노력 • 민주화와 산업화로 달라진 생 활 문화 • 독도 역사

➋ 과학

지식·이해 범주		초등학교	
		3~4학년	5~6학년
1. **운동과** **에너지**	힘과 에너지	• 밀기와 당기기 • 무게 • 수평잡기 • 도구의 이용	• 위치의 변화 • 속력 • 속력과 안전
	전기와 자기	• 자석과 물체 사이의 힘 • 자석과 자석 사이의 힘 • 자석의 극 • 자석의 이용	• 전기 회로 • 전지의 직렬연결 • 전자석 • 전기 안전
	열		• 온도 • 열의 이동 • 단열
	빛과 파동	• 소리의 발생 • 소리의 세기 • 소리의 높낮이 • 소리의 전달	• 빛의 직진 • 평면거울에서 빛의 반사 • 빛의 굴절 • 렌즈의 이용
2. **물질**	물질의 성질	• 물체와 물질 • 물질의 세 가지 상태 • 기체의 무게 • 온도와 압력에 따른 기체의 부피 변화 • 물의 상태 변화	• 용액, 용매, 용질 • 용해 • 용액의 진하기 • 혼합물의 분리
	물질의 변화	• 자석과 물체 사이의 힘 • 자석과 자석 사이의 힘 • 자석의 극 • 자석의 이용	• 전기 회로 • 전지의 직렬연결 • 전자석 • 전기 안전

교과서와 연결해 독서하는 방법

	물질의 구조		

**3.
생명
(생물)**
	생물의
	구조와
	에너지
		• 동물의 생김새
		• 식물의 생김새
		• 균류, 원생생물, 세균의 특징
			• 세포의 구조
			• 뼈와 근육의 구조와 기능
			• 소화·순환·호흡·배설 기관의
			  구조와 기능
			• 뿌리, 줄기, 잎, 꽃의 구조와
			  기능
			• 증산 작용
			• 광합성 산물

	항상성과 몸의 조절		
	생명의 연속성	• 동물의 한살이 • 식물의 한살이 • 식물이 자라는 조건 • 다양한 환경에 사는 동물과 식물 • 특징에 따른 동물 분류 • 특징에 따른 식물 분류	
	환경과 생태계	• 생물 요소와 비생물 요소 • 환경오염이 생물에 미치는 영향 • 먹이사슬과 먹이그물	
	생명과학과 인간의 생활	• 생활 속에서 동물과 식물의 이용 • 균류, 원생생물, 세균의 이용 • 생명과학과 우리 생활	

4. 지구와 우주	고체 지구	• 강 주변 지형 • 화산 활동 • 화성암 • 지진 대처 방법	• 지층 • 퇴적암 • 화석의 생성 • 과거 생물과 환경
	유체 지구	• 바다의 특징 • 밀물과 썰물 • 파도 • 바닷가 주변 지형 • 갯벌 보전 • 지구의 대기	
	천체	• 달의 모양과 표면 • 달의 위상변화 • 태양계 행성 • 별과 별자리	• 태양과 별의 위치 변화 • 지구의 자전과 공전 • 계절별 별자리 변화 • 태양 고도의 일변화 • 계절별 낮의 길이

'다시, 학교 공부' 추천 초등 도서 목록

책에 소개된 추천 도서를 모았습니다. 제가 교실에서 아이들과 함께 읽어보고 생각을 나누었으며, 네이버 프리미엄콘텐츠 '다시, 학교공부' 채널에서 추천해 유용하게 활용된 책들입니다. 각 목적에 맞게 필요한 책을 선택해 아이에게 읽히고 활용해보세요.

① 단단한 아이를 만드는 책

『나는 [ ] 배웁니다』(가브리엘레 레바글리아티 글, 와타나베 미치오 그림, 박나리 옮김, 책속물고기)

『실패 도감』(오노 마사토 글, 고향옥 옮김, 길벗스쿨)

『마음이 튼튼한 어린이가 되는 법』(구도 유이치 글, 사사키 카즈토 그림, 김보경 옮김, 개암나무)

『내 멋대로 나 뽑기』(최은옥 글, 김무연 그림, 주니어김영사)

『잘못 뽑은 반장』(이은재 글, 서영경 그림, 주니어김영사)

『마당을 나온 암탉』(황선미 글, 김환영 그림, 사계절)

『만복이네 떡집』(김리리 글, 이승현 그림, 비룡소)

『어린이를 위한 이순신의 바다』(황현필 원작, 윤희진 글, 최민준 그림, 위즈덤하우스)

② 주관이 뚜렷한 아이를 만드는 책

『아홉 살 마음 사전』(박성우 글, 김효은 그림, 창비)

『아낌없이 주는 나무』(셸 실버스타인 글·그림, 시공주니어)

『그림 도둑 준모』(오승희 글, 최정인 그림, 낮은산)

『말 안 하기 게임』(앤드루 클레먼츠 글, 이원경 옮김, 비룡소)

『10대를 위한 JUSTICE : 정의란 무엇인가』(마이클 샌델 원저, 신현주 글, 조혜진 그림, 미래엔아이세움)

『삼백이의 칠일장』(천효정 글, 최미란 그림, 문학동네)

『수상한 아파트』(박현숙 글, 장서영 그림, 북멘토)

『예의 없는 친구들을 대하는 슬기로운 말하기 사전』(김원아 글, 김소희 그림, 사계절)

③ 배경지식이 넓은 아이를 만드는 책

『세금 내는 아이들』(옥효진 글, 김미연 그림, 한경키즈)

『어린이를 위한 역사의 쓸모』(최태성 글, 신진호 그림, 다산어린이)

『초등 필수 백과』(삼성출판사 편집부 글, 삼성출판사)

『채사장의 지대넓얕』(채사장 외 글, 정용환 그림, 돌핀북)

『365 과학의 신비 2024』(내셔널지오그래픽 키즈 글, 조은 옮김, 비룡소)

『우리는 자료 조사에 진심』(바운드 글, 심지애 옮김, 봄나무)

『똑똑한 초등신문』(신효진 글, 책장속북스)

『MAPS(확장판)』(알렉산드라 미지엘린스카 외 글, 이지원 옮김, 그린북)

④ 표현하는 아이를 만드는 책

『여름이 반짝』(김수빈 글, 김정은 그림, 문학동네)

『초등학생을 위한 윤동주를 쓰다』(윤동주 글, 북에다)

『10대를 위한 논어 수업』(김정진 글, 넥스트씨)

『이상한 과자 가게 전천당』(히로시마 레이코 글, 쟈쟈 그림, 김정화 옮김, 길벗스쿨)

『빨강 연필』(신수현 글, 김성희 그림, 비룡소)

『마지막 거인』(프랑수아 플라스 글, 윤정임 옮김, 디자인하우스)

『42가지 마음의 색깔』(크리스티나 누녜스 페레이라 외 글, 남진희 옮김, 가브리엘라 티에리 외 그림, 레드스톤)

『햇빛초 대나무 숲에 새 글이 올라왔습니다』(황지영 글, 백두리 그림, 우리학교)

⑤ 몰입하는 아이를 만드는 책

『긴긴밤』(루리 글·그림, 문학동네)

『푸른 사자 와니니』(이현 글, 오윤화 그림, 창비)

『기쁨과 위안을 주는 멋진 직업 셰프』(유재덕 글, 토크쇼)

KI신서 13427

초등 3학년부터 시작하는
똑똑한 독서 수업

1판 1쇄 인쇄 2025년 2월 18일
1판 1쇄 발행 2025년 3월 5일

지은이 류창진
펴낸이 김영곤
펴낸곳 (주)북이십일 21세기북스

인문기획팀 팀장 양으녕 책임편집 이지연 마케팅 김주현
디자인 엘리펀트스위밍
출판마케팅팀 남정한 나은경 최명열 한경화 권채영
영업팀 변유경 한충희 장철용 강경남 황성진 김도연
제작팀 이영민 권경민

출판등록 2000년 5월 6일 제406-2003-061호.
주소 (10881) 경기도 파주시 회동길 201 (문발동)
대표전화 031-955-2100 팩스 031-955-2151 이메일 book21@book21.co.kr

(주)북이십일 경계를 허무는 콘텐츠 리더

21세기북스 채널에서 도서 정보와 다양한 영상자료, 이벤트를 만나세요!
페이스북 facebook.com/jiinpill21 포스트 post.naver.com/21c_editors
인스타그램 instagram.com/jiinpill21 홈페이지 www.book21.com
유튜브 www.youtube.com/book21pub

 당신의 일상을 빛내줄 탐나는 탐구 생활 <탐탐>
21세기북스 채널에서 취미생활자들을 위한 유익한 정보를 만나보세요!

© 류창진, 2025
ISBN 979-11-7357-139-8 13590

급변하는 교육 환경에
불안한 부모를 위한
2025 대한민국 교육 키워드

방종임·이만기 지음

공교육 & 사교육 트렌드 총망라,
변화에 발 빠르게 대비하라!
국내 최대 교육 전문 채널
'교육대기자TV'가 선정한
초중등 핵심 트렌드

대한민국 최고의 교육 전문 채널 '교육대기자TV'의 방종임 편집장과 대한민국 최고의 입시 전문가 이만기 소장이 변화하는 교육 환경을 정확히 이해하고, 우리 아이에게 어떤 교육이 필요한지 깊이 있게 고민할 수 있도록 공교육과 사교육을 총망라해 교육계를 뒤흔들 키워드를 선정해 소개한다. 여기저기 흩어진 정보를 한데 모아 적절히 분류함으로써 교육에 관심은 많지만 어려움을 느끼는 학부모들이 상황에 맞춰 전략을 세울 수 있게끔 돕는다.

0~3세 기적의 뇌과학 육아
컬럼비아대 뇌과학자 엄마가 알려주는
생후 1,000일 애착 형성 가이드

그리어 커센바움 지음

뇌의 90%가 결정되는 0~36개월!
아이의 '정서지능' 키우는
애착 육아 바이블

컬럼비아대 뇌과학 연구원인 저자가 뇌과학자이자 한 아이의 엄마로서 육아의 정확한 방향을 초보 부모들과 나눈다. 인생의 많은 부분을 결정하는 '뇌'는 생후 1,000일의 시간 동안 90%가 완성된다. 0~3세 시기에 어떤 양육을 받았냐에 따라 정서지능과 회복탄력성, 언어능력 등 수많은 뇌의 능력들이 결정된다. 뇌과학으로 0~3세 시기의 아이 뇌 발달을 정확히 이해하면 육아의 확실한 원칙과 기준을 세울 수 있을 것이다.

노력의 배신
열심히만 하면 누구나 다
잘할 수 있을까?

김영훈 지음

우리가 아는 '1만 시간의 법칙'은 틀렸다!
치열한 노력 신화 뒤에 가려진
불편한 진실

누구든지 무언가에 1만 시간을 투자하면 최고의 전문가가 될 수 있다는 '1만 시간의 법칙'. 그런데 정말 열심히만 하면 누구나 다 잘할 수 있을까? 연세대 심리학과 김영훈 교수는 노력과 재능이 성과에 미치는 영향에 관한 과학적 증거를 밝혀 노력의 효과를 객관적으로 분석한다. 이 책을 통해 우리가 노력의 힘을 어떤 시선으로 바라봐야 할지, 또 노력 신봉 사회에서 어떻게 살아가야 할지 돌아볼 수 있을 것이다.

메타인지 학습법
생각하는 부모가
생각하는 아이를 만든다

리사 손 지음

좋은 성취가 좋은 머리를 이긴다
생각하는 아이로 키우는 메타인지의 기술

컬럼비아대학교 바너드칼리지 심리학과 교수이자 메타인지심리학의 대가인 리사 손 교수가 전하는 메타인지 학습법은 속도와 성적만 쫓는 부모들에게 많은 생각할 거리를 던져준다. 같은 시간을 공부해도 다른 결과를 내는 이유, 열심히 공부는 하지만 아이의 성적에 변화가 없을 때 살펴볼 문제들, '생각의 힘=내면의 힘'이 강한 아이로 키우는 방법들을 수많은 연구 결과를 토대로 과학적으로 설명한다.

임포스터
가면을 쓴 부모가
가면을 쓴 아이를 만든다

리사 손 지음

《메타인지 학습법》리사 손 교수가
가면을 쓰고 살아가는 부모들에게
알려주는 좋은 생각의 길

나 자신을 잃고 가면을 쓰면서 불안심리에 시달리는 현상, 즉 가면증후군을 겪는 '임포스터'로 성장하는 한국인들이 너무나 많다. 메타인지 심리학 전문가 리사 손 교수는 메타인지를 연구하면서 비로소 진실한 자신을 찾을 수 있었다고 말한다. 자신과 마찬가지로 학습과 성장 과정에서 어려움을 겪고 있는 부모와 아이들을 돕기 위해, 가면으로부터 자유로워질 수 있는 메타인지 실천법을 담았다.

작은 소리로 아들을
위대하게 키우는 법
화내지 않고 우아하게 혼내는
훈육 기술

마츠나가 노부후미 지음

천방지축 사고뭉치 우리 아들,
이대로 괜찮은 걸까?
'품위'와 '육아' 어느 쪽도
놓치고 싶지 않은 부모를 위한
자녀교육 바이블!

일본 전설의 교육설계사 마츠나가 노부후미가 '고전'의 반열에 오른 자신의 베스트셀러 자녀교육서를 시대에 맞게 손보고, 생생한 사례들을 추가해 재출간했다. '아들에게는 아들 맞춤 교육법이 필요하다'라는 주장을 골자로, 화내지 않고 아들과 대화하는 법, 게임 중독에 빠지지 않게 하는 법, 좋은 과외 선생님 구하는 법 등 실용적인 지혜까지 더한 이 책은 아들 가진 부모라면 한 번쯤 고민했던 문제를 시원하게 해결해준다.